商店叢書 ⑥⑨

連鎖業商品開發與物流配送

黃憲仁　周明德/編著

憲業企管顧問有限公司　發行

《連鎖業商品開發與物流配送》

序　言

連鎖業的商品開發策略，至少包括自有品牌開發，或是委外 OEM 生產，也有對外採購。整個商品線管理，要有效運作。

商品的推出上市，到銜接物流配送，當中必須有電腦化管理作為介面，本書內有詳細解說。

物流概念最早是 50 年代在美國形成的，從傳統物流（Physical Distribution）的出現，到今天日益發展完善的現代物流（Logistics），物流概念經歷了一個內涵不斷豐富，外延日益擴大，適用範圍日趨寬廣的歷史演變過程。

20 世紀最具風潮的連鎖業，更需要憑藉物流中心的威力，如今，各行業物流中心相繼設立，有效提昇績效，擴大發揮連鎖業的經營魅力。

本書是專門針對連鎖企業的運作方式，以「商品管理為中心」，並以連鎖業的物流配送管理，做連鎖業的經營實務介紹。

本書可作為連鎖業總部的參考工具書，也可作為物流中心人員、工商管理的教學參考書。

2016 年 7 月

《連鎖業商品開發與物流配送》

目　錄

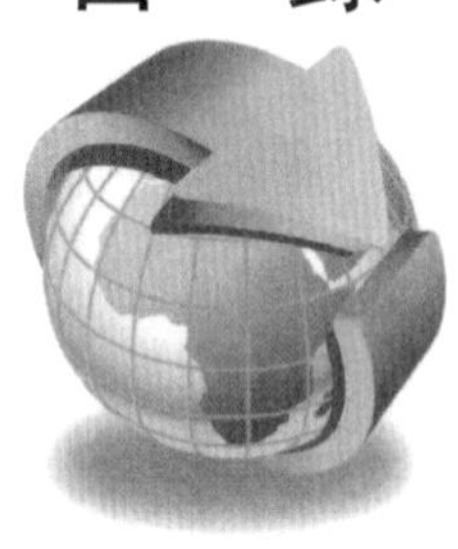

第十三章　物流中心的揀選管理 ／ 200

第十四章　物流中心的出貨管理 ／ 224

第十五章　物流中心的配送管理 ／ 234

第十六章　物流中心的資訊管理 / 251

第十七章　物流中心的成本管理 / 261

第十八章　物流中心的績效評價 / 282

第一章

連鎖經營的商品策略

連鎖企業的經營業務是圍繞著商品這個核心而展開的，因而商品管理是每個連鎖經營企業的一項非常重要的工作，其目的在於保證商品在門店的每一個環節都做到科學和完整，以實現銷量的最大化。

一、商品觀念的形成過程

1. 設定業態

業態不同，商品定位也不同，有時甚至會截然不同。生鮮食品是超市的主力商品，其構成比例往往超過 50%；而在量販店裏，由於品種數達到 2.5 萬種，所以其主力商品包括一般用品、文具、運動器材等，生鮮食品所佔比例往往不超過 10%；至於便利店，由於以速食和飲料為主，所以食品的構成往往在 30%以下。因此，業態的確定會為商品觀念的形成提供參考。

2. 描繪消費對象的輪廓

影響消費者的變數非常多，包括以下方面。

①地理變數。都市與鄉村和一般城市有差別，而市區與郊區、溫帶與寒帶、多雨地區與乾燥地區之間也會有許多不同，這些地理變數都會影響消費者，甚至改變其消費習慣。所以進行商品定位時，必須考慮到地理變數。

②人口變數。年齡、性別、家庭規模、生理週期、收入、職業、教育水準、宗教、人種、國籍等因素，都將影響消費者的消費習慣。例如，新社區內大多是新成立的家庭，其年齡層次較低，家庭規模較小，收入與教育水準較高，對商品的要求較偏向品質、鮮度，但對價格可能不太敏感，這些都必須融入商品觀念裏，從而形成商品定位。

③心理變數。社會階層、生活模式、個性、價值觀等因素也會影響消費者的消費行為。超市經營者必須先瞭解所在地點附近的狀況，然後隨時觀察消費對象日常的行為特徵、消費傾向、生活態度、對商品及服務的價值觀等，從而逐漸形成自己的商品觀念。

3. 推測消費對象的需求

對消費對象的輪廓有了鮮明的認識後，就要開始推測消費者的需求，可以運用的方法有以下方面。

①集體採訪。在商圈內分批、分次、分年齡、分性別地邀請一些消費者代表齊聚一堂，努力使他們自由地提出意見，這樣就容易地知道消費者想要的是什麼。

②觀察法。當無法從談話中獲得進一步的資料時，不妨多觀察消費群的生活模式，甚至和他們一起去購物。

③問卷調查法。這是最傳統的做法。若超市在進行商圈評估時，

已大致地瞭解了消費對象的輪廓，為了更好地瞭解消費對象的需求，該超市將公司的員工以 2 人為一組，帶上設計好的問卷小禮品傳單等，遍訪商圈內的家庭。將收集來的資料進行統計整理後，這家超市就輕易地形成了自己的商品觀念，並明確地做出自己的商品定位。

二、商品定位的概念

1. 商品定位的概念

連鎖企業在目標市場、業態確定了以後，就要考慮用什麼樣的商品來滿足目標顧客要求，也就是商品定位。商品定位的好壞將直接影響到連鎖店的銷售額和店鋪在顧客心目中的形象。商品定位不是一個靜態的過程，它是隨著季節、時尚、文化、顧客偏好等因素的變化隨時進行調整的動態過程。

商品定位是指連鎖企業針對目標消費者和生產商的實際情況，動態地確定商品的經營結構，實現商品配置的最優化狀態。商品定位包括商品品種、檔次、價格、服務等方面。商品定位既是企業決策者對市場判斷分析的結果，同時又是企業經營理念的體現，也是連鎖企業透過商品而設計的企業在消費者心目中的形象。

商品定位是一種經營策略，商品定位正確與否、結構是否合理、能否保持正常運轉，關係到連鎖企業的生存和發展，因為消費者對商品的評價，主要是看其功能和所代表的形象能滿足他們的需要程度。

成功的商品有一個共性，就是始終如一地將商品的功能與消費者心理上的需要連接起來，透過這種方式將商品定位明確地傳遞給消費者。一種商品特別是著名商品的影響是在消費者心目中被喚起的想法、情感、感覺的總和，因此只有當消費者心目中關於商品定位的內容得以確認，企業為此進行的各種資源的利用才會有價值。

2. 商品定位的特徵

①首要條件是顧客滿意度。這是任何企業賴以生存的主要因素。

②具有長期性。企業長期滿足消費者需求，這樣才能樹立企業的良好形象。

③商品定位必須具有競爭性。就是能夠從競爭商品中顯示出自己的獨到之處，這樣消費者才會容易選擇並重覆購買，只有這樣才會贏得競爭優勢。

對於企業來講，最重要的挑戰就是針對目標消費者的喜好來為商品定位；最能持久的競爭優勢，就是讓消費者認為你的產品比別人的好，這就是制勝「定位」。

3. 商品定位的原則

①**商品化原則**。所謂商品化原則，是指將生產製造商和供應商所提供的產品轉化為經營商品的過程。商品化過程必須滿足消費需求和商品銷售要求。產品的商品化過程包括：對產品進行鮮度等技術性處理→依產品的重量大小等進行分類分級包裝→給產品賦予品牌及價格→商品陳列並配合適當的促銷手段。根據商品化原則，採購人員應負責從商品導入到商品銷售全過程的計劃與督導工作，並對銷售業績負責。

②**品種齊全原則**。由於消費者日益強調時間節約和「一次購買」的觀念，所以公司在確定商品組合時一定要盡可能地擴大經營品種，使顧客能一次性購齊所需物品。同時應關注政策動向及消費潮流，不斷調整品種結構，導入新品。產品齊全不僅僅是數量問題，還必須考

慮各種品牌及知名度、各種規格及各種品質的商品的相互配合問題。

③**重點產品原則**。產品不斷開發，品種不斷增加，門店的營業面積是有限的，所以對經營商品的品種必須優選，把銷售額大的商品作為重點商品，進行重點管理。通常把商品分為 ABC 三類，分別採取不同的管理方式，即通常所說的 ABC 分類管理法。其操作步驟如下。

- 將各種商品按銷售額大小順序排列，計算出各種商品的銷售額比重和品種比重（單項比重和累計比重）。
- 劃分類別。A 類商品銷售額比重為 75%左右，品種比重為 15%左右；B 類商品銷售額比重為 20%左右，品種比重為 20%左右；C 類商品銷售額比重為 5%左右，品種比重為 65%左右。

④**商品群原則**。商品群是門店經營商品的戰略單位，商品群是一群、一類商品的稱呼，是根據連鎖企業的經營觀念，用一定的方法來集結商品，將一些商品組合成一個戰略經營單位，來吸引顧客促進銷售。做好商品群的策劃工作能提升企業形象。商品群主要根據消費者的需求來進行劃分，並要提出一些新的概念。在市場商品日益豐富的現代社會，消費者對商品的選擇往往會無所適從，這就需要經營者給消費者以適當引導，如可針對禮品商品群提出「太太生日禮品」、「丈夫生日禮品」、「父母生日禮品」、「兒童節日禮品」等新概念，用新概念來帶動商品銷售。

⑤**利潤導向原則**。利潤導向是指商品經營應考慮增加利潤的途徑，增加利潤途徑可考慮：以零售價決定採購價，依據「顧客願意付多少錢」進行採購；適當減少品項，以減輕庫存壓力；新品導入可適當收取進場費；要求供應商將某些產品當作特價品；盡可能按薄利多銷原則銷售商品。

連鎖經營商品定位應遵循以下三個原則，也叫「3S」主義。

- 特殊化、個性化。與以往傳統零售商店或其他區域商店有不同的商品定位，面對激烈的競爭，主動讓顧客瞭解本連鎖店特色，使顧客想買商品時，馬上想到這家店，產生必光臨的衝動。這裏所指的特殊化或個性化，並不是在店內擺設奇珍異品，重點在創造本身的與眾不同。
- 簡易化、單純化。主要有以下幾點：商業活動的共同行為指標就是單純明快；簡化程序、簡潔迅速，便於提高效率、降低成本；商品定位及籌備作業簡易化，讓採購人員及現場人員執行容易操作。
- 標準化、統一化。主要從以下幾點理解：這是連鎖特點決定的；標準化有利於降低成本，因為簡化了談判程序和內容，各店分攤了商品開發成本。

二、連鎖經營的商品定位

連鎖經營企業在業態和目標市場確定了以後，就要考慮用什麼樣的商品來滿足目標顧客的需求，即要進行商品定位。商品定位的優劣將直接影響到企業的銷售額和企業在顧客心目中的形象。並且，商品的定位是一個動態過程，它必須隨著季節、時尚及顧客的偏好等因素的變化及時加以調整。

連鎖經營企業要想在激烈的市場競爭中脫穎而出，必須進行合理的商品定位及適當的商品組合，並隨著消費趨勢的變化，適當予以調整，使消費者的需求得到充分滿足，進而產生顧客忠誠，以實現利潤最大化的經營目標。

連鎖經營企業所銷售的商品一般是大眾日常消費必需的，所以其經營的商品以大眾化、日常必需、經常使用、易消耗為基本特徵，因此，商品的定位必須遵循以下原則：

1. 適應和滿足消費者的某類需求

連鎖零售企業是直接為廣大消費者服務的，因此，滿足消費者的需求是商品定位的關鍵。然而，消費者的需求是十分複雜的，若只籠統地考慮「滿足消費者的需求」，反而會使企業面對複雜的消費需求而無所適從，根本無法進行準確的商品定位。因此，連鎖經營企業應更深入細緻地將消費者的需求區分為「滿足何種消費群體的需求」和「滿足消費者的何種需求」兩個層次來尋找和研究商品定位。只有這樣，才能運用市場調研的方法真正找到更科學、更準確、更具有市場生存力和競爭力的商品定位。

2. 考慮競爭對手情況

在開放的市場條件下，進入零售領域的零售企業的數量和業態是不可預知的，是連鎖經營企業無法控制的。在這種情況下，企業之間的競爭是無法避免的。因此，連鎖經營企業在研究商品定位時，一方面要充分考慮市場的需求因素，另一方面也要充分考慮現實的和潛在的競爭對手的情況。一般來說，連鎖經營企業應該盡可能地避開與競爭對手，特別是實力強勁的競爭對手的直接競爭，尋找競爭對手弱、甚至沒有競爭對手的「空白」市場需求空間來確定商品的定位，從而規避市場風險，獲取競爭優勢。

3. 準確把握經營業態

商品定位與經營業態是相輔相成的。商品定位的差別性是構成特定經營業態差別性的重要因素之一。因此，連鎖經營企業在研究和決策其所經營的商品定位時，一定要將商品定位和經營業態兩者之間統一起來，盡可能透過商品定位的特色來突出其業態的特色，或者按照業態的要求，來突出商品定位的特殊性，絕不能出現經營業態與商品定位不統一的現象。

4. 進行動態管理

由於消費者的需求是不斷發展變化的，競爭對手的情況也處在不斷發展變化之中，而物質生產部門為社會提供的商品又在不斷地創新，因此，企業按上述三個原則確定了商品定位後，還需要根據市場需求的變化和消費者需求的變化不斷調整商品定位。

企業按動態管理原則進行商品定位管理，必須做好兩個方面的工作：第一，注意對現實市場的調查，以便在充分掌握市場需求變化信息的基礎上，及時調整本企業的商品定位；第二，注意對潛在市場需求的調查，企業可根據消費者的收入與生活水準的發展變化情況、競爭對手的發展變化情況等因素，預測出有可能變為現實需求的消費者的潛在需求，及時調整商品定位，引導和挖掘出消費者的潛在需求。

【案例】麥德龍超市的商品管理

・麥德龍的商品定位

麥德龍的商品內容豐富，品種齊全，通常在 20000 種以上，可滿足客戶「一站式購物」的需求。如麥德龍商品種類中食品佔 40%，非食品佔 60%。食品類商品以時令果蔬、鮮肉、鮮魚、乳製品、冷凍品、罐頭、糧食製品、飲料、甜點為主，品種相對穩定。非食品領域的商品則按季節和顧客需要定期調整，涉及範圍較廣，不僅包括日常生活用品、辦公用品，還包括小型機械工具類產品。倉儲式超市擺設的絕大多數商品都是捆綁式或整箱銷售，除家電類、機械類產品外很少有單件擺設展示的商品。

・特色化商品

面對零售業內競爭壓力逐漸增大，麥德龍不是單純以價格低廉吸引顧客，而是從商品入手，以獨家商品、特色商品及自有品牌商品吸引顧客。在每個麥德龍賣場都有一些諸如乳酪、芝士、黃油、咖啡、咖喱粉等特有的進口商品和一些跨地域的特色商品，例如麥德龍是全市最早銷售泥螺、臘鴨、糯米藕等南味食品的超市。此外，麥德龍的自有品牌商品除了日常生活用品還涉及五金工具等。

由於連鎖企業確定自己的商品結構十分複雜，並受多種因素制約，所以在進行商品定位時，應遵循一定的原則。

⑴準確把握店鋪業態的原則。每一種零售業態都有自己的基本特徵和商品經營範圍，正是由於這種業態的差別，才決定了連鎖經營商品的重點不同。換言之，連鎖企業的商品定位一定要與其所選擇的業態相一致。無論那種業態，作為企業都應該明確誰是我的顧客？他們到這裏來要買什麼樣的商品？我應該如何滿足他們的需求？

國際零售巨頭沃爾瑪根據零售業態的不同採取不同的商品組合。例如，山姆會員店向消費者提供「一站式購物」服務，商品結構寬廣度、中深度，即商品總的種類齊全，但單一商品類別適度齊全，商品種類為 3 萬～6 萬種，而且 50%以上的商品為食品類；折扣店商品結構窄而淺，不但商品大類少，每類品種也少；購物廣場商品結構廣而深，商品種類在 8 萬種左右，商品種類齊全；社區店商品結構窄而深，商品大類少，但每類的商品品種多，主要是日常生活品。

⑵適應消費者需求變化的原則。知己知彼，才能百戰不殆，只有摸清目標消費者的詳細情況，才能滿足消費者的消費需求。隨著發展，消費者的生活水準在不斷提高，其消費日益成熟。在這種情況下，連鎖企業的商品定位一定要與消費者的消費結構相適應，要隨時調整自己的商品經營結構。

⑶掌握影響目標顧客因素的原則。影響目標顧客的因素很多，但最主要的是地理因素、心理因素、人口因素。地理因素是指連鎖商店所處的位置和週圍的環境，如交通狀況等。人口因素是指目標顧客的性別、家庭狀況、收入水準、文化程度、年齡及其對顧客的消費習慣和消費心理產生的影響。心理因素是指隨著人們收入水準和教育程度的提高，越來越顯著地影響到人們消費習慣，並進而深刻地影響到連鎖企業的商品定位。連鎖企業只有將對目標顧客影響較大的一些因素作為重點進行分析，才能準確地進行商品定位。

5.「3S」原則

連鎖經營商品定位，應遵循以下「3S」原則：

①特殊化、個性化(Specialization)。即要與以往傳統零售商店或其他區域商店有不同商品定位，面對激烈的競爭，主動讓顧客瞭解本連鎖店特色，使顧客想買商品時，馬上想到這家店，產生必須光臨的衝動。所指的特殊化或個性化，並不是在店內擺設奇珍異品，重點在創造自身的與眾不同。

②簡易化、單純化(Simplification)。這主要有以下幾點：第一，商業活動的共同行為目標就是單純明快。第二，簡化程序，簡潔迅速，便於提高效率、降低成本。第三，商品定位及籌備作業簡易化，

讓採購人員及現場人員容易執行操作。

③標準化、統一化(Standardization)。這主要從兩點理解：第一，這是由連鎖經營的特點決定的。第二，標準化有利於降低成本，因為標準化簡化了談判程序和內容，各店分攤了商品開發成本。

6. 連鎖店商品定位及管理決策

連鎖店商品定位、組合及管理的決策權限歸屬，詳見表 1-1。

表 1-1 連鎖店商品定位及管理決策的權限歸屬

權限歸屬	決策項目
高階層人員	· 業種、業態類別 · 部門構成 · 客層(商業區、人口)
採購經理	· 商品構成座標(商品線構成及單元構成)
高級經理	· 立地 · 建築物結構(房產的居用方法)
開發部經理或設計負責人	· 店內構成(賣場與後場存在) · 內部裝潢
負責佈置人員	· 賣場佈置
店鋪經營經理或設計人員，負責業務系統人員	· 作業系統
商品供應計劃員或供應商招募人員	· 每種商品區域面積 · 品目與品質 · 展示 · 陳列工具 · POP廣告 · 檢驗商品的方法

四、不同業態的商品定位

1. 大型綜合超市的商品定位

表 1-2　大型綜合超市主要商品及結構明細表

類別	內容	所佔比重
生鮮食品類	蔬菜、水果、肉、禽、蛋、魚等	佔全部商品種類的40%以上
熟食類	麵包、饅頭、點心、各種葷素熟菜等	
糧食類	小袋包裝大米、麵粉、掛麵、雜糧、速食麵等	
調味品類	鹽、醬油、醋、食用油、調料、罐頭等	
土特產類	粉條、木耳、各類乾果等	
飲料煙酒茶類	果汁、礦泉水、牛奶、煙、酒、茶等	
小食品類	各種餅乾、糖果、瓜子、小吃等	
服裝鞋帽類	休閒裝、T恤衫、內衣、皮鞋等	佔全部商品種類的50%左右
針織百貨類	床單、被單、毛巾、枕頭、衣架等	
廚房用品類	電飯煲、鍋、碗、餐具等	
五金與小商品類	保溫瓶、燈泡、電池、刮鬍刀等	
家用電器類	電視機、電冰箱等	
洗滌及衛生用品	洗衣粉、香皂、牙膏、衛生紙等	
化妝品	各類化妝用品	
文體玩具類	少量圖書、影視光碟、體育用品等	

大型綜合超市利用其營業面積大的優勢，將商品定位在全方位地滿足商圈內廣大消費者日常生活所需的所有商品上，一般都儘量爭取

經營更多的商品，讓廣大消費者在本超市就能夠購買到生活所需的所有商品，體現了為消費者提供「一站式」服務的經營理念。因此，大型綜合超市的商品定位的一般表述是：消費者日常生活的全部中低檔次的商品(即在經營消費者生活所需的日常生活用品方面，沒有明顯的缺項，甚至消費者想不到的一些小類商品大超市都要有)。其中，各類食品至少要佔全部商品種類的 40%以上。大型綜合超市商品定位的具體構成明細情況如表 1-2 所示。

2. 一般超市的商品定位

表 1-3　一般超市主要商品及結構明細表

<table>
<tr><th>類別</th><th>內容</th><th>所佔比重</th></tr>
<tr><td>熟食類</td><td>麵包、點心、少量葷素熟菜等</td><td rowspan="6">佔全部商品種類的60%左右</td></tr>
<tr><td>糧食類</td><td>少量小袋包裝大米、麵粉、掛麵、速食麵等</td></tr>
<tr><td>調味品類</td><td>鹽、醬油、醋、食用油、調料、罐頭等</td></tr>
<tr><td>土特產類</td><td>少量粉條、木耳、各類乾果等</td></tr>
<tr><td>飲料煙酒茶類</td><td>少量果汁、礦泉水、牛奶、煙、酒、茶等</td></tr>
<tr><td>小食品類</td><td>少量各種餅乾、糖果、瓜子、小吃等</td></tr>
<tr><td>針織百貨類</td><td>少量毛巾、枕頭、衣架等</td><td rowspan="6">佔全部商品種類的40%左右</td></tr>
<tr><td>廚房用品類</td><td>少量電飯煲、鍋、碗、餐具等</td></tr>
<tr><td>五金與小商品類</td><td>少量水杯、燈泡、電池、刮鬍刀等</td></tr>
<tr><td>洗滌及衛生用品</td><td>洗衣粉、香皂、牙膏、衛生紙等</td></tr>
<tr><td>化妝品</td><td>少量化妝用品</td></tr>
<tr><td>文體玩具類</td><td>少量筆、紙、乒乓球等</td></tr>
</table>

由於一般超市的營業面積比較小(通常都在 6000 平方米以下)，因此，它的商品定位是：商圈內消費者日常生活必需的中低檔次商

品。商品的種類要比大型綜合超市少得多，小類商品一般在 6000 種以下，而且基本不經營蔬菜、水果、魚肉禽蛋等生鮮食品。一般超市的商品定位的具體明細構成情況參見表 1-3。

3. 倉儲式商場的商品定位

倉儲式商場有兩種類型，一種是為零售消費者服務的，其商品定位與大型綜合超市十分相似。所不同的是，倉儲式商場必須在突出賣場與倉庫合二為一的基礎上，來確定商品的定位，有些不適合在賣場內儲存的商品便無法經營。另一種是主要為其他中小零售企業的小批量採購服務的。目標顧客多為小零售店、雜貨店、集團購買者等。因此這類倉儲式商場的商品定位，除了不經營生鮮食品、熟食品之外(因為這類商品不宜進行長期存放和批發銷售)，其他商品構成與大型綜合超市也很相似。

4. 便利店的商品定位

表 1-4　便利店主要商品及結構明細表

<table>
<tr><th>類別</th><th>內容</th><th>所佔比重</th></tr>
<tr><td>一般食品類</td><td>麵包、速食麵、餅乾、小吃等</td><td rowspan="3">佔全部商品種類的60%左右</td></tr>
<tr><td>熟食類</td><td>少量熱牛奶、熱漢堡、熱咖啡、茶葉蛋等</td></tr>
<tr><td>調味品類</td><td>鹽、醬油、醋、食用油、調料、罐頭等</td></tr>
<tr><td>飲料煙酒茶類</td><td>果汁、礦泉水、牛奶、煙、酒、茶等</td><td rowspan="5">佔全部商品種類的40%左右</td></tr>
<tr><td>洗滌及衛生用品</td><td>洗衣粉、香皂、牙膏、洗滌劑、衛生紙等</td></tr>
<tr><td>小五金商品類</td><td>電池、燈泡、打火機、刮鬍刀等</td></tr>
<tr><td>雜誌及文化用品類</td><td>少量筆、紙、橡皮、常讀報紙、雜誌等</td></tr>
<tr><td>少量應急藥品</td><td>少量治感冒、發燒、腸胃、止疼、止血藥品</td></tr>
</table>

便利店的服務目標主要是居民、學生、單身職員，以及一些臨時

的、應急的、要求便利消費的消費者的需求。其經營宗旨是方便、快捷、省時、應急。因此，其商品定位必然圍繞這個主題進行設計。商品的種類也要比超市業態少很多，小類商品在 3000 種左右。便利店商品定位的具體明細構成情況參見表 1-4。

5. 其他業態的商品定位

這裏講的其他業態主要是指百貨商場、專業店、專賣店、食雜店、速食店等業態。

①百貨商場的商品定位。一般來講，百貨商場的商品定位主要集中在：中高級商品、品牌商品、奢侈品(珠寶、首飾、玉器等)等方面。但是，由於百貨商場的營業面積和企業所採取的競爭戰略不同，不同百貨商場在所經營商品的種類、比重等方面也存在較大的差異。

②專業店和專賣店的商品定位。專賣店的商品定位比較簡單，主要是經營市場知名度很廣、商業信譽很好的品牌商品。一般都以一種品牌的商品為主。而專業店的商品定位比較複雜，沒有固定的模式，而是根據市場需求、競爭對手的情況以及經營者所能夠掌握的商品資源等綜合因素來決定商品定位。

③食雜店的商品定位。食雜店的商品定位一般也沒有固定的模式可供參考，也需要根據市場需求、競爭對手的情況和經營者所能夠掌握的商品資源等綜合因素來決定其商品定位，基本視企業具體情況而定。

④速食店的商品定位。由於餐飲業的經營內容差別很大，因此，速食店的商品定位也沒有固定的模式可供參考。只能根據市場需求、競爭對手情況和企業所能掌握和生產的食品特點等綜合因素來決定商品的定位。

五、商品定位的偏失

當前，很多連鎖經營企業都認為競爭越來越激烈，產品利潤空間越來越小。大多數連鎖經營企業都把這個原因歸結為經濟環境差、市場競爭無序、原材料價格波動較大等。同樣的環境下，為什麼有的連鎖企業瀕臨關門倒閉，而有的連鎖企業卻越做越大呢？之所以會出現這種「冰火兩重天」的局面，與這些企業自身的商品定位有著很大的關係。目前，連鎖經營企業在商品定位上存在諸多偏失。

1. 多憑感覺

很多連鎖經營的門店面沒有接受過專業的培訓，對商品定位的具體操作只是一知半解，並不知道如何進行市場調研，如何對商圈內的目標客戶群體的需求進行科學分析，更不知道競爭對手的情況。大多是憑藉感覺給門店進行商品定位。

2. 虛假定位

所謂虛假定位就是「掛羊頭賣狗肉」，打著高端品牌的幌子經營低檔產品。部份連鎖經營企業的這種做法導致高端消費者來了不買，低端消費者望店卻步，最終影響了銷售業績。

3. 隨便跟風

部份連鎖經營企業因為缺乏足夠的經驗和知識，無法給自己的門店進行科學的商品定位，於是看到別人賣什麼自己也賣什麼。這種隨便跟風的商品定位有時候也能讓企業暫時生存，但缺少差異化競爭戰略，最終難以擺脫價格戰的困擾。

4. 缺乏策略

商品定位的關鍵是產品組合策略的運用。產品組合策略運用得好，產品之間可以產生相互的拉力，促進銷量的擴大和利潤的增長。但是，很多連鎖經營企業對這方面研究不夠深入，產品組合比較隨意。

5. 缺少服務

商品定位必須有相應的服務作支撐，缺少配套服務的商品定位是沒有競爭力的。目前市場上很多連鎖經營企業銷售的是高端產品，但導購大多是沒有經過專業培訓的職員，他們只是具備了與客戶討價還價的能力，根本無法做到「顧問式導購」。

【案例】倫敦百貨導購新招：幫男性顧客挑女式內衣

2009 年耶誕節期間，位於倫敦牛津街的 Debenhams 百貨推出一項別出心裁的導購服務：幫助男性顧客們挑選女式內衣。

Debenhams 內衣部出售的女式內衣共有 30 個品牌、70 種尺碼。據他們的調查，大約有三分之二的男性顧客會在挑選女式內衣時感到面紅耳赤、無所適從，他們想把內衣作為禮物送給妻子或女友，卻不知道她們穿什麼尺碼。有時，他們會悄悄指著某位女士，對店員說，我的妻子差不多就是那個身材，有時，他們不得不用手來比劃。

「我們經常遇到迫切想買內衣當作禮物送給伴侶的可愛男士，但他們根本毫無頭緒。」Debenhams 的店員說，儘管他們仍會硬著頭皮購買，但耶誕節過後的來年 1 月，內衣部總要面臨大量的退換貨要求。

Debenhams 於是想出妙招，僱請體形和胖瘦各異的內衣模特

(蘋果型、梨型、沙漏型，8 碼、12 碼和 16 碼)在櫃台前來回走動，讓男顧客對產品有更加直觀的認識。當然，模特們也會充當導購，為害羞的男顧客提建議、試內衣。

心得欄 ____

____

____

____

____

____

第二章

連鎖經營的商品組合

就連鎖經營企業而言，商品是它們的生存命脈，豐富的商品組合能增強門店的活力，促使門店蓬勃發展。

商品組合也稱商品經營結構，是指連鎖企業經營的全部商品的結構，即各種商品線、商品項目和庫存量的有機組成方式。

商品線是商品組合中的某一商品大類，是一組密切相關的商品。例如，大型綜合超市經營的生鮮食品、服裝鞋帽、家用電器、化妝品、文體用品等均屬於商品線。

商品線中包括的具體品牌、品種即為商品項目。

一、連鎖經營企業商品組合的原則

1. 選擇合適的商品

該原則要求連鎖經營企業在進行商品組合時，產品的寬度、深度和關聯度的結合必須能夠滿足顧客的需求；所選擇的商品必須是法律法規允許銷售的，且在本企業經營範圍內的商品；同時，這些商品必須符合本企業的價值觀、企業形象及企業政策，這一點對企業品牌會有很大的影響，所以一般著名的企業都會把不符合企業政策的產品置之門外，即使是暢銷商品也不例外。沃爾瑪曾經拒絕一張很暢銷的碟片進店銷售，其原因是這張碟片帶有明顯的不雅及暴力成分，與公司的價值觀相悖，怕其影響整個企業在公眾心目中的健康形象。

2. 保持適當的規模

該原則要求連鎖經營企業所提供的商品數量必須適當，商品的寬度、深度和關聯度必須平衡，才能在滿足顧客對商品選擇性需求的同時，不會造成品種過多和重覆。因為對於顧客來說，品種過多或重覆都會使顧客無法有效地進行購買決策，或花費太多時間做決策而沒有足夠的時間購買其他商品，兩者都會使企業遭受銷售上的損失。而且門店的銷售空間和人力資源是有限的，品種過多或重覆會造成資源浪費，也會增加運營費用。品種過多或重覆還會導致商品滯銷，造成庫存積壓。所以，連鎖經營企業在確定商品數量時一定要考慮顧客的需求及門店的實際面積，以保持適當規模。

3. 突出時間性要求

連鎖經營企業在進行商品組合時，必須正確掌握商品的時間性要求。

①季節性。 整個商品組合必須有明確的季節性，商品本身向顧客傳遞著強烈的季節性信息。例如，在夏天來臨的時候，門店有充足的消暑產品和驅蚊用品，這種季節性的氣氛能有效地引起顧客購買的衝動。

②及時捕捉市場的變化。商品組合必須符合市場的潮流趨勢及顧客的喜好變化等，並且對一些突發事件能及時地、積極地應對，如在傳染病爆發的時候，能第一時間增加消毒水及防止傳染等相關用品；另外，對一些特別的事件要有充分的準備，如遇到一些被廣泛關注的大的活動，配合活動主題的商品應全部準備好。

③把握新產品的引進時機。不是任何新產品都適合馬上引進，必須在充分瞭解目標顧客對新產品的認知及接受程度的基礎上確定新產品的引進時間，否則會由於沒有有效的需求造成新產品滯銷。如對於一些技術含量較高的電器產品，在剛投放市場的時候，大型超市就不適合馬上引進。因為此時只有少量非常關注新技術、追求新體驗的消費者會購買這類新產品，而這類消費者通常不是大型超市的目標顧客，且大型超市在人員及環境方面一般都不具備進行介紹和推廣這類新產品的條件。產品在進入成長期時，由於目標顧客對產品已普遍認知，開始產生需求並且不需要太多的介紹即可進行選擇和決策，所以，此時大型超市可以考慮引進該產品。

4. 提供品質保證

連鎖經營企業組合的商品必須符合安全性、可靠性及品質等級三個方面的要求。

①安全性。連鎖經營企業銷售的任何商品都必須保證對消費者的生命和財產不存在安全隱患，所以，在選擇商品時必須對商品的安全性進行評估，要求供應商提供相關的證明文件、安全認證等，如電器產品、食品要有安全標誌等。

②可靠性。商品的使用功能及可靠性也是需要進行評估的。如果產品本身存在缺陷，無法在合理的時間內提供其所宣稱的功能，作

為負責任的連鎖經營企業是不應該讓這類商品流入自己的門店以損害消費者的利益和企業形象的。

③**品質等級**。對於商品品質等級的選擇，不應該陷入偏失，認為品質越高越好。其實在品質選擇上，要考慮產品的性價比以及消費者的需求。如就連鎖超市而言，因其面對大眾消費者，在進行商品組合時，符合品質標準的各種品質等級的商品都應該有，才能夠滿足不同消費水準及不同消費習慣的消費者的不同需求。

5. 確定合理的價格

連鎖經營企業在為其組合的商品定價時，應該綜合考慮消費者、競爭對手、供應商價格政策以及企業自身的定價策略四個基本因素。同時，連鎖經營企業在定價時，除了要遵循企業定價的公平、合法、誠實信用的根本原則以外，還應該特別注意兩點：其一是要考慮消費者對商品價格的敏感程度以及該商品的需求價格彈性；其二是不但要考慮單個商品，而且更要考慮整個類別的商品的整體價格形象和綜合利潤率，對承擔不同角色的商品應該有不同的定價機制，在保證良好價格形象的同時保持合理的利潤水準。

二、商品組合的衡量變數

商品組合包括三個衡量變數：寬度、深度和關聯度。

1. 商品組合的寬度

商品組合的寬度是指商品組合中所擁有的商品線的數目。如某連鎖便利店經營一般食品、熟食、調味品、飲料煙酒茶、洗滌及衛生用品、小五金商品、雜誌及文化用品、少量應急藥品等八類商品，那麼，該便利店商品組合的寬度為 8。

連鎖企業經營的商品大類多，則商品組合比較寬，而經營的商品大類少，則商品組合比較窄。如果連鎖經營企業選擇比較寬的商品組合，可以充分發揮資源的潛力，擴大市場佔有率，增加銷售額和利潤額，同時也分散和降低了企業的經營風險，增強了企業的應變能力。但是，較寬的商品組合容易分散資源，若經營管理水準跟不上，會造成經營上的混亂，影響企業效益。如果連鎖經營企業選擇比較窄的商品組合，可以使企業集中力量經營某些類商品，有利於企業經營特色的形成和流通費用的節約，但是較窄的商品組合不利於分散經營風險，缺乏經營上的應變能力。

2. 商品組合的深度

商品組合的深度是指商品項目中每一個品牌、品種所包含的不同花色、規格、品質的商品數目的多少。包含的商品數目多，則商品組合比較深，反之，商品組合比較淺。

連鎖經營企業如果選擇比較深的商品組合，即經營的商品品牌、品種數目多，且每一個品牌、品種所包含的不同花色、規格和品質的商品數目多，能夠適應不同顧客的多種需求，有利於提高服務品質和應變能力。但是，成本則可能有所提高。如果選擇比較淺的商品組合，可以適應少數顧客大批量購貨的需要，有利於降低成本和發揮企業專長。但是，企業的應變能力則有可能相對降低。

3. 商品組合的關聯度

商品組合的關聯度是指連鎖企業的各條商品線在最終用途、銷售管道、銷售方式等方面的相互關聯程度。如家電連鎖企業的絕大多數商品線都與電有關，這一商品組合具有較強的關聯度。

不同的連鎖經營企業，由於其自身的特點和經營狀況不同，在商品組合關聯度的強弱上，有著不同的選擇。一般說來，中小連鎖經營企業應增強商品組合的關聯度，以提高企業的市場地位和專業化水準及經營管理水準。但是，對於那些綜合性的連鎖經營大企業，商品組合的關聯度應弱一些，而商品組合應有足夠的深度，只要企業的素質好，管理水準高，其效益會不斷提高。

目前，市場競爭日益激烈，一方面要求連鎖經營企業小批量、多品種的經營，以適應消費者日益變化的消費需求的需要；另一方面又要求連鎖經營企業從事專業化經營，以滿足不同顧客群體的不同需要。因此，連鎖經營企業的管理者要善於分析企業的經營環境，充分利用企業的資源，針對消費者消費需求的發展變化趨勢，進行最佳商品組合。

三、連鎖經營企業商品組合的方法

連鎖經營企業在進行商品組合時，往往會根據企業的經營理念，用一定的方法將一些商品組合成一個戰略經營單位，以吸引顧客並促進銷售。這個戰略經營單位可以是商品結構中的大、中、小分類，也可以是一種新組合，我們將其稱為商品群。

連鎖經營企業必須能夠及時發現消費者的多樣化需求的變化及其特徵，打破商品原有的分類，適時地組合有創意的商品群，並不斷地充實商品群的戰略單位，以充分滿足消費者的需求。商品群的組合可以考慮採用以下幾種方法：

1. 消費季節組合法

例如，在夏季可以組合冷飲商品群，辟出一個區域設立專櫃銷售；在冬季可以組合火鍋料商品群；在旅遊旺季可以推出帶有地方特色的旅遊紀念品商品群等。

2. 節慶日組合法

例如，在元宵節組合各式湯圓系列的商品群，在重陽節推出老年人用品和滋補品商品群。還可以根據每個節慶日的特點，組合適用於饋贈的禮品商品群等。

3. 消費便利性組合法

根據城市居民生活節奏加快、追求便利性的特點，可以推出微波爐食品系列、組合菜系列、熟肉製品系列等商品群，並可設立專櫃供應。

4. 商品用途組合法

例如，臥室系列用品、廚房系列用品、衛生間系列用品等商品群，都是根據商品的用途組合而成的。

【案例】便利性——7-11 便利店的核心原則

7-11 便利店以「為顧客提供方便」為原則設立便利店，組織商品，甚至按照顧客的特定需求，以零售商的名義將觸角伸展到生產領域，組織特定商品的生產。為此，7-11 便利店網羅了一大批生產商、原料供應商和專業物流商及服務商，為顧客提供便利性的商品和服務。

在日本和台灣，每家 7-11 便利店都為所在社區或鄰近地區提供定制的產品和服務，商品組合的原則就是「都是消費者每日生活所需的，使消費者產生每樣都想買的衝動」。除了提供新鮮的飯團、各種乳製品、熱咖啡、自助冷飲等食品外，7-11 便利店還利用自己遍佈各地的連鎖網路和 24 小時營業的優勢，提供代繳水電費、代收乾洗衣物、代訂鮮花、代收信件服務，以及各種票務、送貨上門、旅館預約服務等。

7-11 在每家便利店都設立了 ATM 自動提款機，在美國建立了最大的零售商 ATM 網路；它還代辦培訓報名和代訂考試教材等，有些便利店甚至能夠提供小額的貸款服務。

心得欄 ------------------------------

第三章

連鎖經營的商品管理

產品是市場行銷活動中不可缺少的重要元素，或者是傳統 4P 理論中的重要元素。與製造企業不一樣，連鎖企業等商業企業不直接生產有形的產品，但它們銷售有形的商品並生產和銷售無形的服務商品。對於連鎖企業，商品或服務的選擇是否正確、設計是否合理、更新是否適應市場的需要，是決定企業具有持續競爭力的重要因素。本部份內容重點講解商品零售連鎖企業的商品管理。

一、連鎖業的品類及品種組合

1. 品類

所謂品類指一組被消費者瞭解的可以相互關聯的、可以管理的、特定的商品的組合。按品類的結構，可分為部類、組類、大分類、中分類、小分類、單品等。透過品類的劃分方便對品類進行科學管理。

⑴**部組類**。部組是最粗線條的分類。部組的主要標準是商品特徵，如酒類、飲料、休閒食品、雜貨、冷凍冷藏、自製熟食、麵包、農產、畜產、水產等一系列產品分類。

⑵**大分類**。大分類是部組中細分出來的類別。其分類標準主要有：按商品功能與用途劃分，如在冷凍冷藏這個部組下，可分出乳製品、奶飲料等大分類；按商品製造方法劃分，如在畜產品這個部組下，可細分出肉類和配菜等大類；按商品產地劃分，如在水果蔬菜這個部組下，可細分出國產水果與進口水果的中分類。

⑶**中分類**。中分類是從大分類進一步細分出來的類別。例如休閒食品部組下的餅乾大類，按照其口味可以劃分為鹹味餅乾、甜味餅乾、原味餅乾、加味餅乾、營養餅乾、點心類等；糖果、零食大類也可以分為肉乾肉鬆、糖果巧克力、膨化食品等；按照製作方法的不同，可以將熟食大類分為煎炸、燒烤、鹵和蒸。

⑷**小分類**。小分類是商品分類中最底層的管理單位，在小類下面就是單品管理。沃爾瑪冷食大類的小菜中類下又可以分為海產小菜、豆腐小菜、蔬菜小菜、熟肉小菜、其他小菜等；點心類的飲料中類下又可以分為各個品牌的果汁和汽水等小類；水果大類中的本地水果中類又可以分為堅果類、柑橘類、瓜類、漿果類和熱帶水果等；在小類下是單品管理。

透過這樣的分類，商品的類別管理劃分得極其詳細，有利於商品陳列和促銷，每一次商品促銷時都會依據不同部類下的不同商品進行不同方式的促銷，為商品銷售額的提高奠定了良好的基礎。

商品的分類及其標準可參考表 3-1。

表 3-1 商品分類層次及其分類標準

分類層次	含義	劃分標準	說明
大分類	零售商品中構成的最粗線條劃分	商品特徵	為了便於管理，零售企業的大分類一般以不超過10個為宜
中分類	大分類商品中細分出來的類別	功能用途	中分類在商品的分類中有很重要的地位，不同中分類的商品通常關聯性不高，是商品間的一個分水嶺，所以無論在配置上還是在陳列上都常用它來劃分
		製造方法	
		商品產地	
小分類	中分類中進一步細分出來的類別	功能用途	小分類是用途相同，可以互相替代的商品，往往陳列在一起，相鄰陳列的不同小分類商品具有高度相關性
		規格包裝	
		商品成分	
		商品口味	
單品	商品分類中不能進一步細分的、完整獨立的商品品項	唯一性	是最基本的層面，用價格標籤或條碼區別開來

2. 品類的角色

各個品類對商店的重要性、對目標購物群的重要性、對品類發展的重要性不同。不同品類在產品組合、貨架安排、定價及促銷方面應採取不同的策略。品類的角色是一個動態變化過程，強調隨著季節、時尚、文化、顧客偏好等因素的變化隨時調整。品類角色劃分可參考表 3-2。

表 3-2　品類角色劃分

按銷售情況	暢銷商品	平銷商品	滯銷商品
按價格和品質	高檔	中檔	低檔
按商品的耐久性	耐用品	單品商品	
按顧客的選擇程度	便利品	選購品	特殊品
按商品銷售貢獻	主力商品	輔助商品	關聯商品

3. 商品組合

商品組合也稱商品的經營結構，簡單來說，商品組合就是連鎖企業把同類商品或不同類商品，依據某種規格樣式採取的銷售組合和搭配模式。商品組合由若干商品系列(類型)組成，而商品系列又由若干產品項目組成，這種組成是有一定規律的。

商品群是指用一定的方法來集結商品。將這些商品組合成一個戰略經營單位，來吸引顧客促進銷售。商品群並不代表具體的商品，而是商品經營分類上的一個概念，商品群可以是商品結構中的大分類、中分類、小分類，也可以是一種新的組合。顧客對連鎖企業的印象或偏好，不是來自於所有商品，而是來自於某個商品群，所以應該把商品群提高到經營和戰略地位的高度。商品群給了消費者最原始、最直接的印象，所以連鎖企業的經營者必須樹立起「商品群是企業商品競爭戰略單位」的觀念，根據消費者的需求變化，組合成有創意的商品群，這種商品群可以打破商品原來的分類，成為新的商品部門。一般可採用的新商品群組合方法有以下幾種。

⑴消費季節組合法。如在夏季可組合滅蚊子的商品群，辟出一個區域設立專櫃銷售；在冬季可組合滋補品商品群、火鍋料理商品

群；在旅遊季節推出旅遊食品和用品的商品群等。

⑵**節慶日組合法**。如在中秋節組合各式月餅的商品群；在老人節推出老年人補品和用品的商品群；也可以根據每個節慶日的特點，組合適用於送禮的禮品商品群等。

⑶**消費的便利性組合法**。根據城市居民生活節奏加快、追求便利性的特點，可推出微波爐食品系列、組合菜系列、熟肉製品系列等商品群，並可設立專櫃供應。

⑷**商品用途組合法**。在家庭生活中，許多用品在超級市場中分屬於不同的部門和類別，但在使用中往往沒有這種區分，如廚房系列用品、衛生間系列用品等，都可以用新的組合方法推出新的商品群。由於現代化社會中消費者需求呈多樣性變化，所以必須及時地發現消費者的變化特徵，適時地推出新的商品群。

二、連鎖業的自有商品開發

1. 自有品牌開發的概念與意義

⑴自有品牌開發的概念

自有品牌是連鎖企業為了區別於製造商品牌，利用自己的資源優勢，在經營銷售的商品上加注自己的商標或商簽，自己擁有並在自營商店內銷售的品牌。自有品牌將顧客對知名連鎖企業的認知轉化為可帶來利潤的實在好處。

連鎖企業自有品牌戰略是伴隨西方大型連鎖企業集團發展而興起的一種新的商品開發戰略。這種戰略使連鎖企業集商品的經營權與品牌的所有權於一身，有利於實現更大的商業利潤。

超市、連鎖店自有品牌比比皆是，已成為商業流通領域內不可忽視的一股力量。

⑵自有品牌開發的意義

①連鎖企業開發自有品牌已成為一種趨勢。連鎖企業自有品牌的開發在國外已有幾十年的歷史，目前日益受到商業企業的重視，尤其是大型企業的重視。歐美的大型超級市場、連鎖商店、百貨商店幾乎都出售屬於自有品牌的商品。例如，美國沃爾瑪擁有 2 萬個供應商，其中較大的製造商有 500 個。這些製造商必須根據沃爾瑪公司設計的造型、裝潢、品質要求進行產品生產，生產出的產品印上沃爾瑪的自有品牌名稱。

②連鎖企業開發自有品牌有利於降低成本，掌握更多的自主權。由於廣告宣傳、流通費用和競爭等因素的影響，商品在連鎖店銷售時，利潤率已經相當低了。但這個困難可以透過開發自有品牌商品來解決。自有品牌商品由廠家和連鎖店直接簽訂合約，因而廣告費用少，流通過程短，更為重要的是，它按計劃生產，風險由連鎖企業負擔，同時價格的決定權也屬於連鎖企業。這樣，連鎖企業不僅掌握了自己的貨源，更掌握了自己的生命線。

③連鎖企業開發自有品牌有利於保證商品品質，提高企業信譽。連鎖企業開發自有品牌將會對商品品質更加重視，因為它直接影響到企業的聲譽。因此，企業在開發自有品牌的過程中，會更加把好品質關，從而有效地杜絕假冒偽劣等不合格商品的進入。同時，在自有品牌的高品質、低價格的保證下，有利於連鎖企業知名度和顧客信譽度的提高。

【案例】英國瑪莎百貨集團

英國瑪莎百貨集團是開發自有品牌的卓越典範，其所有商品都使用自有品牌「聖米高」，瑪莎公司是英國最大的商業集團，創始於 1894 年，目前已成為在全球擁有 600 多家商店，65000 多名僱員，年營業額達 72 億英鎊的跨國零售企業集團，具有很好的經營效益。在其成功的經驗中，很重要的一點就是能從顧客的需要出發，主動開發自有品牌商品。在瑪莎總部僱有 350 多名技術人員，負責新產品的設計開發和對生產過程的監督。但是瑪莎集團並不是自己投資建廠，而是將所設計的產品交由製造商生產，所以被稱為「沒有工廠的製造商」。

2. 自有品牌開發方式

連鎖企業自有品牌開發的實施分為委託定牌生產和自行設計加工兩種方式。這兩種方式各有優缺點，商家應根據自身情況選擇採用。

⑴委託定牌生產。 連鎖企業擁有品牌的所有權，而把生產加工權轉讓給所選定的廠家，廠家按其提供的信息進行加工的生產方式稱為「委託定牌生產」。這種方式的優點在於，避免了自行設廠的巨大投資，為連鎖企業的資金運轉減輕了壓力。同時，被選定的廠家一般會按合約要求，嚴格把關，產品品質相對較高。缺點在於這種合作關係較為鬆散，雙方難以保持良好的溝通，不能形成真正的利益共同體。

⑵自行設廠。 自行設廠是整個生產全部由連鎖企業自行運作的方式。其優點在於零售商從商品流通跨入生產領域，實現多元化經營，能降低經營風險，獲取更大利潤。在這種方式中，連鎖企業與生產廠家隸屬同一企業，能充分形成協調合作關係，在企業的統一調配下，商品流通過程趨向簡化，從而降低了流通費用及消耗，在價格上

更易掌握主動。缺點在於連鎖企業一次性投資較大，多元化經營具有一定的風險。

市場細分化，是企業根據消費者需求的不同，把整個市場劃分成不同的消費者群的過程。其客觀基礎是消費者需求的異質性。

目標市場選定，即判斷和選擇要進入一個或多個細分市場的行為。連鎖企業在選擇目標市場策略時也有五種可供參考的市場選擇模式。連鎖經營的市場定位包含兩個方面：連鎖企業的市場定位和連鎖商品或服務的市場定位。

連鎖企業的定價行為並不是孤立受某一種因素的影響，而是同時受多個因素共同影響下的行為，這些因素包括連鎖企業自身特徵、消費者價格心理、產品或服務的成本、競爭對手的價格策略等。連鎖企業一般有三種定價策略可供選擇：高價策略、低價策略和適中價格策略。定價方法是企業為實現其定價目標所採取的具體方法，可以歸納為成本導向、需求導向和競爭導向三類。

連鎖企業的促銷是指連鎖企業為告知、勸說或提醒目標市場顧客關注有關企業任何方面的信息而進行的一切溝通聯繫活動。連鎖企業的促銷手段也包括廣告、人員推銷、銷售促進和公共關係。

品類，指一組被消費者瞭解的可以相互關聯的、可以管理的、特定的商品的組合。按品類的結構，可分為部類、組類、大分類、中分類、小分類、單品等。透過品類的劃分方便對品類進行科學管理。

自有品牌是連鎖企業為了區別於製造商品牌，利用自己的資源優勢，在經營銷售的商品上加注自己的商標或商簽，自己擁有並在自營商店內銷售的品牌。

三、連鎖業的的新產品引進

在今天的商品零售業中，競爭變得越來越激烈。如何調整零售連鎖企業的經營方式，形成自己的經營特色成為連鎖巨頭普遍面臨的問題。其中，改善商品現有結構，不斷引入新產品，成為連鎖賣場競爭的一個重點內容。高效的新品引進是維持高效品種組合的要素之一，與競爭對手相比較，如果新品上架速度快，就會使顧客感覺該賣場品種多而新鮮。

這裏需要注意的是，新產品是指本商店未曾經營過的產品，而不是市場上新開發出來的產品，有些產品對其他商店而言可能已經是舊產品，但對本商店而言可能還是新產品。新產品的引入主要在於如何選擇及其引入方式上，要注意以下幾方面：

⑴**編制年度新產品引進計劃**。對新年度的新產品開發項目做系統的規劃，內容包括增加新分類、增加新項數、增加商品組合群、確立每一分類的利益標準、季節性重點商品計劃、自行開發商品計劃等。

⑵**新產品的選擇**。不論是廠商主動報價或基於市場需求而由零售業者主動詢價，採購人員都應就新品的進價、毛利率、進退貨條件、廣告宣傳、贊助條件等項目予以初評(見表 3-3)。初評之後，還需經過具有商品專業知識的人員所組成的採購委員會進行複評，對擬引進的商品進行篩選，複評的項目除初評項目外，還需對產品的口味、包裝、售價及市場接受程度等項目進行具體的評價，以防止不合標準的商品流入門店銷售。

表 3-3　新品引進評估表(便利店)

<table>
<tr><td>毛利率</td><td>酒類：
8%以下　1分
8%～10%　2分
11%～15%　3分
15%以上　4分</td><td>一般商品類：
15%以下　1分
16%～20%　2分
21%～25%　3分
25%以上　4分</td><td>特殊商品類：
20%以下　1分
20%～25%　2分
26%～30%　3分
30%以上　4分</td><td>得分：</td></tr>
<tr><td>配送</td><td colspan="3">自行配送：1分　部份配送：2分
指定配送：3分　直接配送：4分</td><td>得分：</td></tr>
<tr><td>退貨</td><td colspan="3">不可退貨：1分　有限退換貨：2分
可換貨：3分　可退貨：4分</td><td>得分：</td></tr>
<tr><td>市場競爭力</td><td>超市差價幅度：
-10%以下　1分
-9%～0　2分
1%～5%　3分
5%以上　4分</td><td>一般商店差價幅度：
-5%以下　1分
-5%～0%　2分
1%～10%　3分
10%以上　4分</td><td>便利店差價幅度：
-5%以下　1分
-5%～0%　2分
1%～10%　3分
10%以上　4分</td><td>得分：</td></tr>
<tr><td>廣告</td><td>媒體：
宣傳單　1分
廣播　2分
報紙　3分
電視　4分</td><td>預算：
10萬元以下　1分
11～50萬元　2分
51～100萬元　3分
100萬元以上　4分</td><td>時間：
不定　1分
1～2週　2分
3～4週　3分
5週以上　4分</td><td>得分：</td></tr>
<tr><td>贊助能力</td><td>年度銷售折扣：
1%～2%　1分
2%～3%　2分
3%～4%　3分
5%以上　4分</td><td>上架費：
1000元以下　1分
1000～5000元　2分
5000～10000元　3分
10000元以上　4分</td><td>其他贊助費：
1000元以下　1分
1000～5000元　2分
5000～10000元　3分
10000元以上　4分</td><td>得分：</td></tr>
<tr><td>總分</td><td colspan="4"></td></tr>
</table>

⑶**新品試銷**。對連鎖店而言，貿然將新品引入所有門店銷售風險很大，所以通常選擇部份門店先進行試銷，再就試銷結果做出是否推廣到所有門店的決策。若新品試銷效果良好，則採購人員應配合進貨，製作新的商品陳列表。

⑷**通知門店做好準備**。新品全面引進門店之前，需事先以書面或電腦連線方式告知門店，並給予前置時間，要求門店限期做好新品引進的各項作業。

⑸**新產品控制**。商品導入賣場後要對銷售狀況進行觀察、記錄與分析，不能把商品一導入賣場就「放牛吃草」，不聞不問。新產品引進要給商場帶來一定的利潤，這一利潤可參照目前商場銷售同類暢銷商品所獲得利潤或新產品所替代舊商品而獲得的利潤。例如，規定新產品在銷售過程中，銷售額必須達到同類銷售商品的平均額，方可列入企業的採購計劃商品目錄中，成為正常經營商品。

【案例】家樂福選擇供應商的條件

2009 年家樂福中國市場銷售額同比增加 16%，中國是家樂福在全球年開店數最多的國家，目前在中國的總共門店數達到 157 家。家樂福優於競爭對手的是：價格低廉，商品豐富，在服務、溝通和便利方面得到了消費者的認可和接受，達到了行業平均水準。家樂福選擇供應商的條件有以下幾點。

1. 貿易條件

⑴供應商在保證他所提供的商品品質的同時，提供市場上最優惠的價格。

⑵供應商送貨時應按家樂福的要求提供相應的版權證明。

⑶在合約中必須記錄下供應商的交貨天數、庫存天數和生產或進口天數。供應商應遵守合約規定的運貨期。

⑷家樂福將按合約規定同供應商結款。如果不能按期結款，家樂福願意支付每天貨款總額的 0.5%的罰金。

⑸協商的進貨價將是固定的，對於新價格，應在家樂福同意後一個月生效。

⑹每次到貨都必須附有發票，否則拒絕收貨。發票必須詳細註明進價(不含稅)、增值稅以及進價(含稅)。

⑺英文翻譯將作為雙方對於合約有所爭議時的參考。

⑻每月貨款總額的 3%作為佣金。

2. 商品方面的要求

⑴供應商在報價及商品陳述中必須列明所供應的貨物可否退換及最小訂貨量，運費是否包括在內，並列明報價是否含稅。

⑵供應商在介紹商品時必須說明附帶的服務，如是否帶衣架(服裝)、打標籤，維修/安裝、特別包裝等。

3. 與供應商的付款條件

⑴到貨多少天。

⑵月結 60 天。

4. 進場費用

⑴進場費，新品上架費 2000 元/品牌，新進供應商費另定。

⑵促銷費，包括兩點：

①促銷活動費。家樂福與供應商共同舉辦的促銷活動，為次數/每年(另議次數)，每年 20 天，由供應商提供一定的折扣、提供免費商品、提供一定價值的贈品。

②促銷費。700 元/促銷排面，400 元/排面贊助金，海報贊助金另議。

⑶贊助費，主要包括：

①家樂福在特別年節(元旦、春節、國慶)收各供應商 1000 元贊助費。

②開業贊助費：1 萬元現金或實物。

③店慶費：每年店慶贊助金。此外，還有其他費用，主要見表 3-4。

表 3-4　家樂福向供應商收取的各種費用

項目	店鋪總費用
法國節日店費	每年10萬元
老店翻新費	每年1萬～2萬元現金或實物
海報費	每店2340元，一般每年10次左右
端頭費	與海報同步，每店2000元
新品費	3.4萬元
人員管理費	每人每月2000元
堆頭費	每家門店3萬～10萬元
服務費	佔銷售額的1.5%～2%
諮詢費	佔1%，送貨不及時扣款3%/天
補損費	產品保管不善，無條件退款
稅差	佔5%～6%
補差費	供應商商品在別家店售價低於家樂福，要向家樂福交罰金

四、連鎖業的的商品採購

連鎖企業經營的商品來源於兩條管道，一是自己生產，二是外購。

連鎖經營企業自己生產商品不一定自己建廠，可以自創品牌委託其他生產企業進行生產(OEM)。例如，英國瑪莎公司被譽為「沒有工廠的製造商」，它只賣自己唯一的「聖米高」品牌商品，這些商品一般都是公司自己設計，然後委託生產廠家生產，產品由公司來銷售。

當然，大多數連鎖經營企業的商品來源於外購，特別是一些中小型連鎖經營企業，採取完全外購的策略更為適合。一些規模較大的連鎖經營企業，有的則堅持自製與外購相結合、以外購為主的做法。無論採取那種形式，可以肯定的一點是必須具有嚴格的商品採購制度。

商品採購是連鎖經營企業行銷活動的起點和基礎。由於連鎖經營企業實行的是統一的標準化的經營管理體制，所有連鎖分店經營的商品都要由總部的商品採購部門集中採購配送，採購環節顯得尤為重要。商品採購的良性運轉，將給連鎖經營企業帶來較好的效益。

【案例】日本 7-11 連鎖便利店的配送中心

日本 7-11 公司是有著日本最先進物流系統的連鎖便利店集團，其採取的配送模式比較獨特，儘管他們的規模和實力足夠支撐一家自己的配送中心。但是，他們並沒有完全屬於自己的配送中心，而是利用專業化配送中心，憑藉著本公司的知名度和實力，與專業化的配送中心精誠合作，構成了互相依存、互利互惠的新型關係，高效地將商品送達各個連鎖店鋪。

7-11 公司借用的配送中心是生產廠家和批發商共同投資興建的，7-11 公司參與經營，因此稱為共同配送中心。由於 7-11 公司不進行投資，只是參與經營，我們也可以將其歸併為委託配送模式。其具體做法是：生產廠家和批發商將配送業務和管理權委託給共同配送中心，7-11 公司與其密切合作，為其提供指導與幫助。

配送流程是：每家店鋪在每天上午 10 點之前，向總部報送訂貨數據；總部在每天上午 10：00～10：45 分析數據；綜合後向生產廠商和批發商發送；每天上午 10：45～12：00 生產廠家和批發商接受訂貨通知單，籌備訂貨產品；共同配送中心在 12：00～13：00 收到連鎖總部、生產廠家、批發商的商品明細表(包括商品來源和去向)，按其進行組配和供貨。

7-11 公司的實踐體現出：集約化大大提高了 7-11 公司物流效率，降低了車輛等各種物流設施和相應的投資。7-11 公司之所以能夠建立起良好的共配製度，關鍵在於他們確立了完善的物流體系。所以，核心企業的主導作用和物流管理能力的形成是決定共同配送成功與否的關鍵要素之一。

五、連鎖經營的商品調撥

連鎖經營企業的商品調撥是在分店與連鎖總部之間發生的，可分為總部要求分店做商品調撥、分店向總部提出申請做商品調撥兩種情況。

1. 總部要求分店做商品調撥

總部要求分店做商品調撥又分為兩種情況：

⑴總部要求分店將部份商品調撥給其他分店總部

應發出一式三聯的商品調撥單，一聯交調出分店，一聯交調入分店，一聯交財務入賬。對於特許連鎖而言，當加盟店內的商品產權屬於總部時，加盟店就必須依照契約及管理規定辦理；當加盟店內的商品產權屬於分店時，分店可視實際情況與總部協商辦理。

⑵總部要求分店將商品調撥回本部

一般出現以下四種情況時，總部會要求分店將商品調撥回總部：

第一，試銷新產品成效不佳，撤回淘汰處理。

第二，商品的品質有瑕疵或已過期，為維護企業形象，避免損害消費者的權益，統一收回總部或物流中心進行處理。

第三，商品要更換包裝，以新面貌重新推出。

第四，分店的存貨過多，管理不良或滯銷，總部主動協助分店做商品結構調整，以降低存貨，做好庫存管理。

在操作程序上，總部仍然依照規定發出調撥通知及商品調撥單給分店。對於特許連鎖，當商品產權屬於加盟店時，商品調撥可由總部與加盟店協商進行。

2. 分店要求總部做商品調撥

分店要求總部做商品調撥涉及以下三種情況。

⑴分店向其他分店要貨

分店臨時缺貨而總部又無法立即支援供貨時，分店可改向其他分店調撥。在這種情況下，缺貨分店可以向總部區域主管提出申請，要求支援，由區域主管人員查詢並確認後辦理調撥手續，調撥單由總部人員負責填寫。

⑵分店要求將商品調回總部的物流中心或調撥給其他分店

分店的商品存貨過多，造成積壓，自身無法消化，需要向總部要求將商品調撥回總部的物流中心，或調撥給其他分店。當採用調回物流中心的方式時，即當作退貨處理。

⑶分店要求將滯銷商品調至暢銷區域

分店向總部申請，要求將滯銷商品調撥至暢銷地區進行銷售，經總部核查無誤後，由總部開出商品調撥單，移轉滯銷品至暢銷地區的分店。

六、連鎖經營的商品採購

連鎖企業經營的商品來源於兩條管道，一是自己生產，二是外購。

連鎖經營企業自己生產商品不一定自己建廠，可以自創品牌委託其他生產企業進行生產(OEM)。例如，英國瑪莎公司被譽為「沒有工廠的製造商」，它只賣自己唯一的「聖米高」品牌商品，這些商品一般都是公司自己設計，然後委託生產廠家生產，產品由公司來銷售。

當然，大多數連鎖經營企業的商品來源於外購，特別是一些中小型連鎖經營企業，採取完全外購的策略更為適合。一些規模較大的連鎖經營企業，有的則堅持自製與外購相結合、以外購為主的做法。無論採取那種形式，可以肯定的一點是必須具有嚴格的商品採購制度。

商品採購是連鎖經營企業行銷活動的起點和基礎。由於連鎖經營企業實行的是統一的標準化的經營管理體制，所有連鎖分店經營的商品都要由總部的商品採購部門集中採購配送，採購環節顯得尤為重要。商品採購的良性運轉，將給連鎖經營企業帶來較好的效益。

1. 商品採購方式

連鎖經營企業商品採購一般有以下五種方式：

⑴總部統一集中採購

這種方式較為常見，且該方式實現了採購和銷售職能的分離，而專業化的分工有利於提高經營效率；從廠商處大批進貨，使總部具備討價還價的實力，從而能夠獲得較為廉價的商品，得到較好的服務和各種優惠。但是，有時為了增強企業適應市場的靈活性，總部也會給予分店一定程度的商品採購權，這種情況在特許連鎖模式和自願連鎖模式中體現得更為明顯。

⑵總部採購大部份商品，分店採購少部份商品

這種採購方式相對於前一種採購方式，分店有了一些靈活性，便於根據自己的需要安排總部允許採購的少部份商品。常見於特許連鎖模式和自願連鎖模式下的連鎖經營企業。

⑶總部採購少部份商品，分店採購大部份商品

這種方式不利於充分發揮連鎖經營這種商業模式的優勢，然而很多沒有核心競爭力的企業不得不採取這種方式。

⑷自己貼牌生產(OEM)和外購相結合

這種方式多為有實力的連鎖經營企業集團採用，便於創立自己的品牌。

⑸完全銷售自己生產的商品

這種方式多為生產廠商自己開展連鎖經營的企業採用。

2. 商品採購流程

連鎖經營企業的商品採購活動是一個循環往復的過程，所以又被稱為採購循環。採購循環由確定採購內容、選擇供應商、採購洽談和

簽訂合約、商品核對總和驗收、跟蹤管理五個環節構成，其中供應商的選擇和採購洽談是整個採購過程的關鍵環節。

⑴確定採購內容

這一環節主要包括制定需要採購的商品目錄，詳細列明需要採購的商品的各項要求。

⑵選擇供應商

對連鎖經營企業而言，供應商的選擇至關重要，它將直接影響到企業的經營績效。在選擇供應商時應從以下幾個方面進行比較分析：

①貨源的可靠程度。主要分析供應商的商品供應能力及信譽，包括能否按時供應連鎖經營企業要求的花色、品種、規格、數量的商品，信譽好壞，合約履約率等。

②商品品質和價格。主要分析供應商提供的商品品質是否符合有關標準，能否滿足消費者的消費需求，品質檔次等級是否與連鎖經營企業的形象相符；供應商供應的商品價格是否合理，有沒有優惠條件等。

③交貨時間。主要分析供應商的交貨時間是否符合銷售要求，能否保證按時交貨。

④交易條件。主要分析供應商能否提供供貨服務和品質保證服務；是否同意後付款結算；採用何種運輸方式，運費由誰負擔；是否可以提供現場廣告促銷資料及費用等。

⑶採購洽談、簽訂合約

在對供應商進行評價選擇的基礎上，採購人員必須就商品採購的具體條件進行洽談。在談判中，採購人員要提出採購商品的數量、花色、品種、規格、品質標準、包裝條件、價格、結算方式、交貨方式、交貨期限和地點等要求，經過與對方磋商，達成一致意見後，方可簽訂購貨合約。

一項嚴謹的商品採購合約應包括以下主要內容：

①貨物的品名、品質、規格。

②貨物數量。

③貨物包裝。

④貨物的檢驗、驗收。

⑤貨物的價格，包括單價、總價。

⑥貨物的裝卸、運輸與保險。

⑦貨款的收付。

⑧爭議的預防及處理。

⑷商品檢驗、驗收

採購的商品到達連鎖經營企業後，要及時依據合約商品檢驗、驗收工作，要求商品數量準確、包裝完好、品質和規格符合約定、憑證齊全。在驗收中要做好記錄，註明商品編號、價格和到貨日期。驗收中發現問題，除做好記錄外，要及時與運輸部門或供應商聯繫解決。

⑸跟蹤管理

結合合約的履行情況，對現有供應商進行評價。如果現有供應商不能認真履行合約，或其能力已不能滿足連鎖經營企業的需要，或隨著新產品的不斷湧現，企業需要尋找或增加新的供應商。

3. 採購商品時需注意的問題

連鎖經營企業對外採購時，需要特別注意以下幾個方面的問題：

⑴總部與分店之間採購權限的劃分

在連鎖經營活動中，總部與分店採購權限的劃分是一個經常引起糾紛的問題。為了避免糾紛的出現，總部必須負責以下事項：

①制定連鎖經營企業整體營運的商品計劃。

②開發商品。即開發適合每一個連鎖店銷售的產品或適合 80%以上連鎖店銷售的商品。

③商品進價的協商與洽談。由總部統一與供應商談判，以量議價，可促使進價降至最低。

④價格策略的運用與制定。即總部制定一個統一的售價，讓每個分店都能夠接受，但各分店可根據區域的差異或競爭力的原則做適度的調整。

⑤商品分類，設定編號。一般商品先做一個明確的分類和編號，以利於商品管理。

⑥貨源廠商的開發與掌握。就分店而言，重點在於單店的經營，所以貨源廠商的開發與掌握由總部來執行為宜。

⑦商品淘汰規劃與執行。有些商品在分析與規劃上，不只是一家分店，而是全局性的，所以必須考慮整體的效益及單店的差異。因此，在規劃與分析上必須由總部來執行，以保持連鎖企業內部的一致性。

⑧商品調撥與處理。有些商品因各種原因銷售狀況不好，在商品開發時難以全面掌握，這些商品可以經由總部轉入銷售狀況好的店鋪。對整體而言，這樣做可以降低庫存成本也可以提高商品週轉率。

⑨對廠商的管理事項。對配合優良的廠商，可給予獎勵，這應該由總部來落實執行。

⑵分店與總部要密切配合

在商品的採購上，分店應與總部相配合。以下四種商品分店一定要從總部採購：總部擁有商標權的商品；總部擁有專利權的商品；獨特性強的商品；總部自行進口的商品。分店只要專心經營就可以了，不需要自己去提貨送貨，總部可以把商品配送過來。這就要求總部進價絕不可高於鄰近零售店的商品進價，必須以低於或等於週邊零售店的進價進行採購。

另外，如果因為採購量很低，供應商不願意配送且又是政策性商品時，則分店必須配合總部。

有些加盟系統中，總部對加盟店尤其是自願加盟店的商品採購給予了較大的彈性空間，允許加盟店自行採購其他廠商的商品進行銷售，但必須嚴格遵守契約中對於採購和銷售產品範圍的規定，切不可自作主張，違反契約規定，自行採購總部明令禁止的商品。

⑶重視商品的採購談判

採購談判是商品採購的關鍵環節。商品採購談判的核心是議價，即企業的採購員與供應商就商品價格及交易條件直接進行談判，這主要是圍繞價格問題進行的。對於連鎖企業而言，總希望以最低的折扣價獲得高流轉率的商品，並爭取延遲付款。商品的採購如要達到這一目的，需要做到以下幾點：

①談判前要做好充分的準備。準備的內容包括：

第一，對供應商的資質進行詳細調查，弄清是全國性的、地方性的還是區域性的。

第二，設定兩個以上的談判目標，一個是理想目標即單贏，一個是合理目標即雙贏。

第三，將相關資料準備齊全，如市場調查報告和有效證件等。

②談判中要有禮有節，策略靈活。

第一，要有禮貌，從各方面尊重對方，要充滿信心。

第二，透過提問，從對方回答中獲得有價值的信息，引導供應商提供己方所需要的東西。

第三，主動掌握談判的進程。

第四，強調合作。宣導信任的理念，追求雙贏的效果，強調雙方的合作。

第五，妥善處理異議。當供應商提出的條件過分苛刻時，可以據理力爭，要善於表達不同意見，並做出談判破裂的暗示。

③談判後要追蹤效果。商品採購談判結束，並不意味著商品採購的終結，一個合格的採購員還要懂得追蹤商品採購的效果。效果追蹤主要考察以下六方面內容：

第一，商品是否滿足消費者的需求？顧客的滿意度如何？

第二，商品採購總量、商品結構、批量是否合適？

第三，商品品質是否穩定？能否滿足顧客的需求？

第四，商品貨源是否來自製造商？

第五，售後服務是否良好、可靠？對投訴是否能做出迅速反應？索賠是否簡便易行？

第六，交貨是否及時？供貨量是否有彈性？交貨時間是否合適？能否保證購貨所需時間內的正常銷售。

第四章

連鎖經營的電子信息系統

一、連鎖經營的銷售時點技術(POS)

銷售時點技術(Point Of Sale，POS)是由電子收銀機 ECR 和電腦聯機構成的商場前台網路系統，對商場零售櫃台的所有交易信息進行即時收集、加工處理、傳遞回饋，為商場的經營決策提供商品銷售數據。它最早應用於零售業，以後逐漸擴展至金融、旅館等服務性行業，利用 POS 系統的範圍也從企業內部擴展到整個供應鏈。現代 POS 系統已不僅僅局限於電子收款技術，它要考慮將電腦網路、電子數據交換技術、條碼技術、電子監控技術、電子收款技術、電子信息處理技術、遠端通信、電子廣告、自動倉儲配送技術、自動售貨、備貨技術等一系列科技手段融為一體，從而形成一個綜合性的信息資源管理系統。

1. POS 系統的組成

POS 系統包含前台 POS 系統和後台 MIS 系統兩大基本部份。

在商場完善前台 POS 系統建立的同時，也應建立商場管理信息系統(Management Information System，簡稱 MIS，實際是 POS 系統網路的後台管理部份)。這樣，在商品銷售的任何過程中任一時刻，商品的經營決策者都可以透過 MIS 瞭解和掌握 POS 系統的經營情況，實現商場庫存商品的動態管理，使商品的存儲量保持在一個合理的水準，減少了不必要的庫存。

⑴前台 POS 系統。前台 POS 系統是指透過自動讀取設備(主要是掃描器)，在銷售商品時直接讀取商品銷售信息(如商品名稱、單價、銷售數量、銷售時間、銷售店鋪、購買顧客等)，實現前台銷售業務的自動化，對商品交易進行即時服務和管理，並透過通信網路和電腦系統傳送至後台，透過後台電腦系統(MIS)的計算、分析與匯總等掌握商品銷售的各項信息，為企業管理者分析經營成果、制定經營方針提供依據，以提高經營效率的系統。

⑵後台 MIS 系統。後台 MIS 系統又稱管理信息系統。它負責整個商場進、銷、調、存系統的管理以及財務管理、庫存管理、考勤管理等。它可根據商品進貨信息對廠商進行管理，又可根據前台 POS 提供的銷售數據，控制進貨數量，合理週轉資金，還可分析統計各種銷售報表，快速準確地計算成本與毛利，也可以對售貨員、收款員業績進行考核，是員工分配薪資、獎金的客觀依據。商場現代化管理系統中前台 POS 與後台 MIS 是密切相關的，兩者缺一不可。

2. POS 系統的作用

應用 POS 系統的作用如表 4-1 所示。

表 4-1　應用 POS 系統的效果

作業水準	收銀台業務的省力化	商品檢查時間縮短 高峰時間的收銀作業變得容易 輸入商品數據的出錯率大大減低 員工培訓教育時間縮短 核算購買金額的時間大大縮短 店鋪內的票據數量減少 現代管理合理化
	數據收集能力大大提高	信息發生時點收集 信息的信賴性強化 數據收集的省略化、迅速化和即時化
店鋪營運水準	店鋪作業的合理化	提高收銀台的管理水準 貼商品標籤和價格標籤簡單化 改變價格標籤的作業迅速化和即時化 銷售額和現金額隨時把握，檢查輸入數據作業簡便化
	店鋪營運的效率化	能把握庫存水準 人員配置效率化、作業指南明確化 銷售目標的實現程度變得容易測定 容易實行時間段減價 銷售報告容易做成 能把握暢銷商品和滯銷商品的信息 貨架商品陳列、佈置合理化 能發現不良庫存品 對特殊商品進行單品管理成為可能
企業經營管理水準	提高資本週轉率	可以提前避免出現缺貨現象 庫存水準合理化 商品週轉率提高
	商品計劃的效率化	銷售促進方法的效果分析 把握顧客購買動向 按商品品種進行利益管理 基於銷售水準制定採購計劃 有效的店鋪空間管理 基於時間段的廣告促銷活動分析

⑴營業額及利潤增長。採用 POS 系統的企業供應商品眾多，其單位面積的商品擺放數量是普通企業的 3 倍以上，吸引顧客，且自選率高，這必然會帶來營業額及利潤的相應增長，僅此一項，POS 系統即可給應用 POS 的企業帶來可觀的收益。

⑵節約大量人力、物力。由於倉庫管理是動態管理，即每賣出一件商品，POS 的數據庫中就相應減少該商品的庫存記錄，免去了商場盤存之苦，節約了大量人力、物力；同時，企業的經營報告、財務報表以及相關的銷售信息，都可以及時提供給經營決策者，以保持企業(主要來自商場)的快速反應。

⑶縮短資金流動週期。實行 POS 系統管理，倉庫庫存商品的銷售情況，每時每刻都一目了然，商場的決策者可將商品的進貨量始終保持在合理水準，可提高有效庫存，使商場在市場競爭中佔據更有利的地位。據統計，在應用 POS 系統後，商品有效庫存可增加 35%～40%，縮短資金的流動週期。

⑷提高企業的經營管理水準。首先，可以提高企業的資本週轉率，在應用 POS 系統後，可以提前避免出現缺貨現象，使庫存水準合理化，從而提高商品週轉率，最終提高了企業的資本週轉率。其次，在應用了 POS 系統後，可以進行銷售促進方法的效果分析，把握顧客購買動向，按商品品種進行利益管理，基於銷售水準制訂採購計劃，有效地進行店鋪空間管理和有利於時間段的廣告促銷活動分析等，從而使商品計劃效率化。

3. POS 系統硬體的結構

POS 系統的硬體結構主要依賴於電腦處理信息的體系結構。結合商業企業的特點，POS 硬體系統的基本結構可分為：單個收銀機，收銀機與微機相連構成 POS 系統，以及收銀機、微機與網路構成 POS 系統。目前大多採用第三種類型的 POS 結構，它的硬體結構如下：

⑴**POS 系統的硬體構成**。POS 系統的硬體(如圖 4-1 所示)主要包括收銀機、掃描器、顯示器、印表機網路、微機與硬體平台等。

圖 4-1　POS 系統的硬體結構

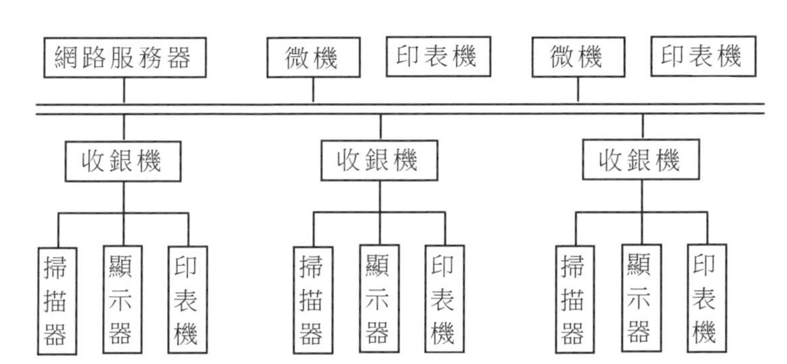

⑵**前台收銀機**。前台收銀機即 POS 機。可採用具有顧客顯示器和票據印表機、條碼掃描器的 XPOS、PROPOS、PCBASE 機型。共用網上商品庫存信息，保證了對商品庫存的即時處理，便於後台隨時查詢銷售情況，進行商品銷售分析和管理。條碼掃描器可根據商品特點選用掌上型或台式以提高數據錄入的速度和可靠性。

⑶**網路**。目前，大多數商場信息交流的現狀是一般內部信息的交換量很大，而對外的信息交換量則很小。因此，電腦網路系統應採用高速局域網為主、電信系統提供的廣域網為輔的整體網路系統。考慮到系統的開放性及標準化的要求，選擇 TCP/IP 協議較合適。作業系統選用開放式標準作業系統。

⑷**硬體平台**。大型商業企業的商品進、存、調、銷的管理複雜，賬目數據量大，且須頻繁地進行管理和檢索，選擇較先進的客戶機/

服務器結構，可大大提高工作效率，保證數據的安全性、即時性及準確性。

4. POS 系統的軟體結構

POS 系統的軟體系統組成如圖 4-2。

圖 4-2　POS 系統的軟體結構

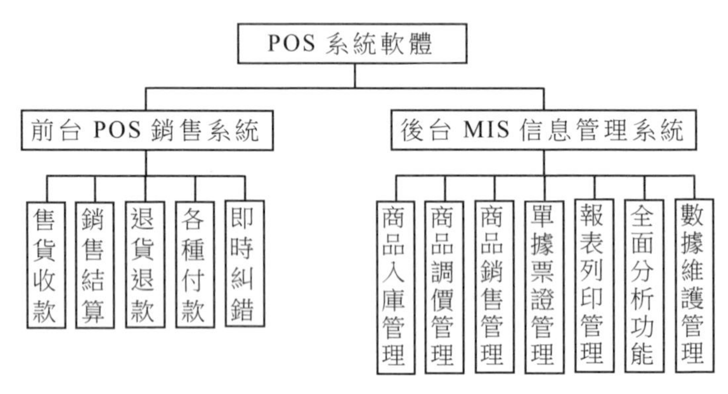

(1)前台 POS 軟體的功能

①日常銷售。完成日常的售貨收款工作，記錄每筆交易的時間、數量、金額，進行銷售輸入操作。如果遇到條碼不識讀等現象，系統應允許採用價格或手工輸入條碼號進行查詢。

②交班結算。進行收款員交班時的收款小結、大結等管理工作，計算並顯示出本班交班時的現金及銷售情況，統計並列印收銀機全天的銷售金額及各售貨員的銷售額。

③退貨。退貨功能是日常銷售的逆操作。為了提高商場的商業信譽，更好地為顧客服務，在顧客發現商品出現問題時，允許顧客退貨。此功能記錄退貨時的商品種類、數量、金額等，便於結算管理。

④支援各種付款方式。可支持現金、支票、信用卡等不同的付款方式，以方便不同顧客的要求。

⑤即時糾錯。在銷售過程出現的錯誤能夠立即修改更正，保證銷售數據和記錄的準確性。

⑵後台 MIS 軟體的功能

①商品入庫管理。對入庫的商品進行輸入登錄，建立商品數據庫，以實現對庫存的查詢、修改、報表及商品入庫驗收單的列印等功能。

②商品調價管理。由於有些商品的價格隨季節和市場等情況而變動，本系統應能提供對這些商品所進行的調價管理功能。

③商品銷售管理。根據商品的銷售記錄，實現商品的銷售、查詢、統計、報表等管理，並能對各收銀機、收款員、售貨員等進行分類統計管理。

④單據票證管理。實現商品的內部調撥、殘損報告、變價調動、倉庫驗收盤點報表等各類單據票證的管理。

⑤報表列印管理。列印內容包括：時段銷售信息表、營業員銷售信息報表、部門銷售統計表、退貨信息表、進貨單信息報表、商品結存信息報表等，實現商品銷售過程中各類報表的分類管理功能。

⑥完善的分析功能。POS 系統的後台管理軟體應能提供完善的分析功能，分析內容涵蓋進、銷、調、存過程中的所有主要指標，同時以圖形和表格方式提供給管理者。

⑦數據維護管理。完成對商品資料、營業員資料等數據的編輯工作，如商品資料的編號、名稱、進價、進貨數量、核定售價等內容的增加、刪除、修改。營業員資料的編號、姓名、部門、班組等內容的編輯。還有商品進貨處理、商品批發處理、商品退貨處理。實現收銀機、收款員的編碼、口令管理，支援各類權限控制。具有對本系統所

涉及的各類數據進行備份，交易中斷點的恢復功能。

⑧銷售預測。包括暢銷商品分析、滯銷商品分析、某種商品銷售預測及分析、某類商品銷售預測及分析等。

5. POS 系統的運行步驟

POS 系統的運行由以下 5 個步驟組成。

⑴銷售商品都貼有表示該商品信息的條碼或光學識別(OCR)標籤。

⑵在顧客購買商品結賬時，收銀員使用掃描讀數儀自動讀取商品條碼標籤或 OCR 標籤上的信息，透過店鋪內的微型電腦確認商品的單價，計算顧客購買總金額等，同時返回給收銀機，列印出顧客購買清單和付款總金額。

⑶各個店鋪的銷售時點信息透過 VAN 以在線聯結方式即時傳送給總部或物流中心。

⑷在總部，物流中心和店鋪利用銷售時點信息來進行庫存調整、配送管理、商品訂貨等作業。透過對銷售時點信息進行加工分析來掌握消費者購買動向，找出暢銷商品和滯銷商品，並以此為基礎，進行商品品種配置、商品陳列、價格設置等方面的作業。

⑸在零售商與供應鏈的上游企業(批發商、生產廠家、物流業者等)結成協作夥伴關係(也稱為戰略關係)的條件下，零售商利用 VAN 在線聯結的方式把銷售時點信息即時傳送給上游企業。這樣，上游企業可以利用銷售現場的最及時準確的銷售信息制定經營計劃、進行決策。例如，生產廠家利用銷售時點信息進行銷售預測，掌握消費者購買動向，找出暢銷商品和滯銷售商品，把銷售時點信息(POS 信息)和訂貨信息(EOS 信息)進行比較分析來把握零售商的庫存水準，以此為

基礎制定生產計劃和零售商庫存連續補充計劃(Continuous Replenishment Program，CRP)。

6. POS 系統的效益分析

表 4-2　POS 系統的效益分析

效益	內容	說明
提高服務品質	縮短結賬時間	解決高峰時顧客等候時間
	減少收銀結賬錯誤	減少因人為錯誤所引起的誤會
	提供多樣化的銷售型態	接受非現金購物服務
	改變店家形象	提供顧客現代化的購物環境
降低成本	暢通物流	利用 POS 系統，提高商品效益
	人員效率提升	縮短時間，有效利用人力資源
	精確行政賬務管理	防範作業人員舞弊，使現金管理合理化
增加效益	提高銷售量	利用 POS 系統的客層分析，調整商品結構，增加銷售業績
	提升採購效率	精確掌握單品庫，適時適量採購策略
	最佳商品計劃	精確統計分析單品銷售量，掌握暢、滯銷商品
	有效運用陳列空間	使商品陳列位置合理化
	掌握營業目標	透過 POS 系統，達成營業目標
	資金靈活調度	營業資料之收集迅速，確實
	增加商場競爭能力	分析消費趨勢，以調整行銷策略及經營方針

7. 作業流程面分析

表 4-3 POS 系統的作業流程分析

項目	導入 POS 系統前	改進方式
前台收銀作業	商品龐大且繁雜，無法掌握人工入賬，耗費時間且錯誤率高，容易生弊端，而收銀員訓練成本高，現金不易掌握	利用條碼分類管理，用掃描器輸入，可降低收銀作業錯誤，節省人工，且當人員流動時，訓練容易，而智慧型收銀機與後台系統聯機，可隨時查詢，掌握銷售狀況
銷售管理	憑直覺或經驗，判斷商品銷售尖、離峰時段及暢、滯銷品變價、促銷、特價有賴人工處理，故不易達成顧客購買之動向	前台銷售數據傳至後台系統，產生各類報表，透過電腦交叉分析，更精確掌握銷售實況
庫存管理	難以掌握現有庫存量及金額，採購人員依直覺進貨，主觀進貨，造成存貨積壓而不自覺	可從電腦對進貨情況一目了然，並可設定安全庫存以達成自動採購效益，同時對於盤點或耗損亦可納入電腦記錄，追蹤查詢呆滯品
上游商品情報	商品、供應商等各項信息由採購人員掌握，易產生弊端，供應商品質稽核不易	納入後台管理，可隨時查詢送貨時效、付款條件、供應品質等多方參考

8. POS 系統效益匯總

表 4-4　POS 系統的效益匯總

項目	效益指標	說明
信息面	購買動向分析消費客層分析暢、滯銷品分析	陳列的管理針對 POS 系統所收集數據進行分析，可獲悉消費者的購買動機、目標客層、暢銷品及滯銷品等重要信息以利管理
管理面	商品之配置陳列之管理特賣、促銷、變價管理盤點及進貨管理	依 POS 系統所收集的各項數據，可作為商品陳列的參考，並可進行商品比率、結構調整，也可為單品庫存與訂貨的參考
內部稽核面	合理化作業防止舞弊簡化收銀作業、減少人工輸入	透過 POS 系統作業，推動商店作業合理化，建立制度，並簡化收銀作業，防止員工舞弊，避免因人為的疏忽而產生的弊端

二、電子訂貨系統(EOS)

在當前競爭的時代，如何有效管理企業的供貨、庫存等經營管理活動，並且在要求供應商及時補足售出商品的數量且不能有缺貨的前提下，就必須採用 EOS 系統。EOS 因涵括了許多先進的管理手段和方法，引起重視。

1. EOS 的作用

EOS 系統能及時準確地交換訂貨信息，它在企業物流管理中的作用如下：

⑴對於傳統的訂貨方式，如上門訂貨、郵寄訂貨、電話、傳真訂貨等，EOS 系統可以縮短從接到訂單到發出訂貨的時間，縮短訂貨商品的交貨期，減少商品訂單的出錯率，節省人工費。

⑵有利於減少企業庫存水準，提高企業的庫存管理效率，同時也能防止商品特別是暢銷商品缺貨現象的出現。

⑶對於生產廠家和批發商來說，透過分析零售商的商品訂貨信息，能準確判斷暢銷商品和和滯銷商品，有利於企業調整商品生產和銷售計劃。

⑷有利於提高企業物流信息系統的效率，使各個業務信息子系統之間的數據交換更加便利和迅速，豐富企業的經營信息。

2. EOS 系統的結構

EOS 系統並非是單個的零售店與單個的批發商組成的系統，而是由許多零售店和許多批發商組成的大系統的整體動作方式。EOS 系統結構如圖 4-3 所示。

圖 4-3 EOS 系統的結構

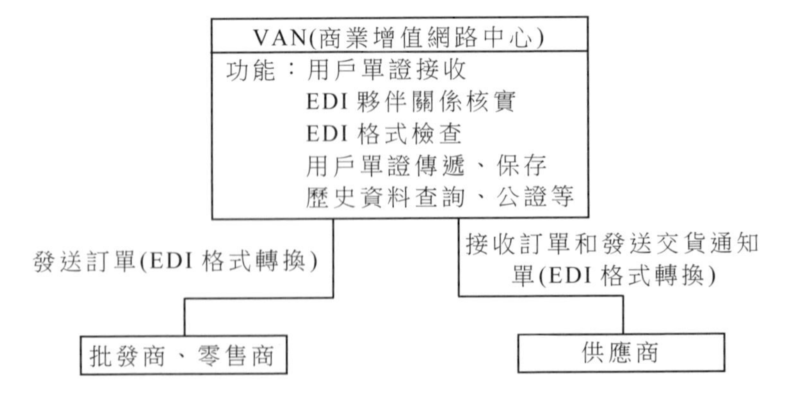

3. EOS 系統的流程

EOS 系統的基本流程如圖 4-4 所示。

圖 4-4　EOS 系統的工作流程(利用地區網、專業網)

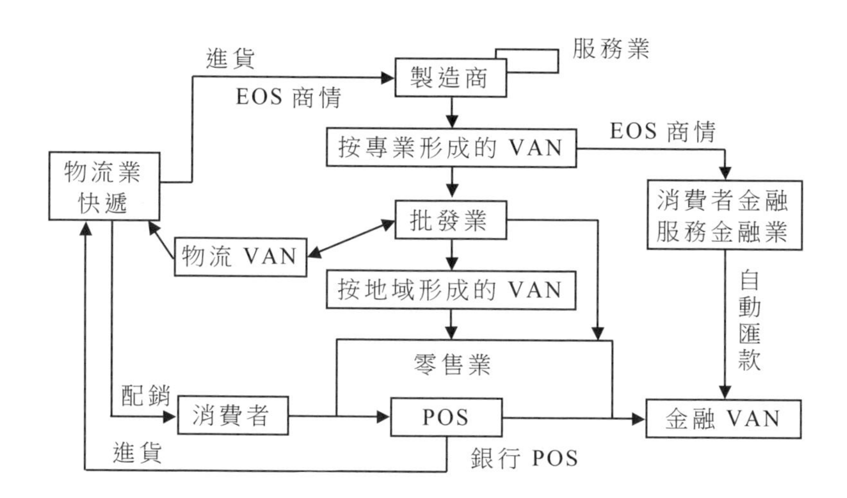

⑴在零售店終端利用條碼閱讀器獲取準備採購的商品條碼，並在終端機上輸入訂貨材料；利用電話線透過數據機傳到批發商電腦中。

⑵批發商開出提貨傳票，並根據傳票，同時開出揀貨單實施揀貨，然後依據送貨傳票進行商品發貨。

⑶送貨傳票上的資料便成為零售商的應付賬款資料及批發商的應收賬款資料。

⑷並接到應收賬款的系統中去。

⑸零售商對送到的貨物進行檢驗後，便可以陳列與銷售了。

4. EOS 實施的關鍵因素

EOS 的目標是改善訂貨系統。在網路達到一定規模時，必須借助仲介機構來協助制定和推廣相關規範，推動標準作業的執行，並透過規模經濟降低引入成本和參加費用。

EOS 推廣的關鍵因素包括：

⑴**建立商品數據庫**。EOS 的順利運作取決於商品數據庫的建立和維護。對商家而言，建立商品數據庫及更新(如增加新商品、刪除廢棄商品，價格、包裝、單位數量的變動等)的制度，以便發送訂單傳票、製作標籤、貨架卡、商品目錄等，將關係到 EOS 乃至商店自動化的成敗。

⑵**企業公共代碼及商品代碼**。EOS 作業要求為各交易體系的商品建立一套公共代碼體系。連鎖總部可自行建立各供應商的企業代碼或商品代碼對照表，成立增值網中心，居中擔負各企業硬體環境、代碼體系間的轉換功能。因此，透過協會或增值網中心統籌建立公共性的企業代碼和商品代碼，可省卻商家的轉換成本，而且實現化繁為簡，統一作業的目標。企業公共代碼和商業代碼進一步條碼化，不僅便於系統化管理，還可大幅降低錯誤率，提高數據輸入效率。

⑶**公共數據庫**；將上述商品代碼、企業代碼和分類體系建成公共數據庫，包括商品名稱、規格、參與價格，企業單位位址、電話、負責人，經營商品內容、標準分類級別等信息，供外界查詢、更新、增值分析，會對行業有重大貢獻。

⑷ **EOS 增值網支援服務**。如果沒有增值網中心居中協調，提供必要的轉換及數據處理服務，EOS 的成效會大打折扣。商家不僅在初期引入及後續開發上要耗費很大的人力和物力，短期很難見到投資回報，而且涉及公共規範(如企業代碼、商品碼、訂單格式、作業規範等)等敏感問題也很難推動。因此，EOS 的成功依賴於增值網中心的正常運作。

第五章

物流中心的基本作業流程

一、物流中心與連鎖經營

日本的零售研究專家說：「20 世紀的流通革命是連鎖經營，21 世紀的流通革命是供應鏈的管理！」

連鎖業只有通過物流中心和物流系統、資訊系統、營銷系統的整合，實現對「商流、物流、資訊流」的有效管理，才能保證連鎖業貫徹「七個統一」的經營體制，開拓商店網路，以中央採購制開發銷售利潤，以現代物流方式創造物流利潤；將市場訊息向加工製造業滲透，開發生產利潤；才能有效實現連鎖經營體系的贏利模式。

通過統一採購、統一配送、統一定價、統一結算、統一企業標誌、統一運作管理等七個統一，實現連鎖業對營銷策略、商品供應、運作管理和決策的集中控制。

表 5-1　物流中心的統一優勢

名稱	說　明
統一採購	有利於統一規劃營銷和商品策略，統一進行品類管理、供應商管理，實現採購規模，以降低採購成本
統一配送	可優化物流中心的投資和資源應用，降低物流成本，實行有效的庫存控制，以提高庫存週轉率，縮短訂單前置時間，降低缺貨率，提高顧客滿意度
統一定價（政策）	以實施有效的價格政策，平衡價格競爭、顧客滿意和企業贏利等因素
統一結算	優化資金流，回避資金風險；優化資金資源以支持有效的商業策略
統一企業標誌	建立顧客的信任度和品牌形象，以積累商業資產和擴展特許經營和加盟店的網路
統一資訊系統	統一資訊系統是連鎖經營的基礎，以便實施品類管理、ECR、供應鏈管理專案
統一運作管理	實施運作標準化管理、提供顧客滿意的服務質量和低成本運作

隨著經濟全球化和連鎖經營的發展，整個零售行業出現以下趨勢：

· 零售市場的增長速度低於企業投資擴張的速度；
· 零售商品消費在可支配收入中的比例有明顯的下降趨勢；
· 綜合性大型業態向細分化和專業化轉變；
· 隨著人口結構和家庭結構的變化，消費結構不斷發生變化；
· 價格水準日益下降，使零售企業贏利水準下降。

連鎖業應該從戰略性策略、降低投資成本、降低運作管理成本、實施商店運作標準化等方面，提供管理控制，提高連鎖業的競爭力。

物流中心是降低運作成本和提高服務效率，建立企業競爭優勢的重要基礎設施和重要樞紐。

表 5-2　連鎖業提高競爭力項目表

戰略性策略	降低運作管理成本
□提高顧客滿意度	□降低管理成本
□供應高聯盟	□降低人員開支
□降低採購成本	□降低庫存成本
□降低物流成本	□減少商品損耗
□控制整體庫存	
降低投資成本	商店動作的標準化
□節省商店倉庫空間	□商店佈局標準化
□節省倉庫開支	□貨架商品陳列標準化
□動作設備的投資集約化	□POS 系統標準化

1. 減少交易手續和費用，提高經營效率

連鎖業以配送為紐帶，將各商店形成聯合統一的經銷經營體系，使原來各分店與供應商的零散交易關係集約為統一所有者與供應商的交易關係。整合物流中心的作用在於大大減少流通領域的供需雙方的交易次數，從而減少交易手續和費用，提高經營效率。

M 個供應商向 N 個商店送貨，送貨次數為 M×N 次；通過物流中心的送貨次數為 M+N 次，從而大大降低了供應商送貨成本。

2. 減少流通環節，產生採購規模效益

通過集中配送，將商店的零散需求進行有效集約，減少供應鏈流通環節的數量，有利於降低採購成本，獲取規模效益。

3. 減少分店庫存，加快資金週轉流動，優化整體的庫存水準

物流中心通過資訊系統能準確掌握整個銷售終端的庫存，保證有效的及時補充，因此，終端節點可以大大降低商店的庫存水準。同時，通過物流中心的集中安全庫存代替各節點的分散安全庫存，可以降低整體的庫存水準。

通過資訊系統對商品的編碼管理，以及物流中心的物流作業管理，能改善整體的物流作業水準，降低物流作業成本；並通過流通的增值加工，提高商品的附加價值，創造流通利潤。

主要表現在以下方面：

· 使商流和物流分離，減少運輸環節，縮短運輸路線。

· 集中存儲以提高存儲面積和空間的利用率。

· 通過集中實行單元化裝載，提高裝卸作業效率，減少損耗。

· 通過專業化設備進行揀選和貼條碼等流通加工處理，提高商品的附加價值。

4. 建立供銷的「雙贏」關係

供應鏈管理的基本原則是優化供應鏈的資源配置，並為業務夥伴創造價值，實現「雙贏」的夥伴關係。

二、物流中心的功能

物流中心為實現各用戶貨物需求目標，必須通過自身具體功能的體現，才能滿足用戶需求。物流中心根據不同的行業特點和服務的客戶不同提供某幾項服務功能，其功能主要包括以下幾方面。

1. 採購管理功能

物流中心從製造業或供應商那裏採購大量的、品種齊全的貨物。一般而言，在執行其功能時，應考慮以下要求：

⑴加強對貨物採購資訊的收集和分析，包括貨源資訊、價格資訊、運輸資訊。

⑵建立穩定的與製造商或供應商合作夥伴關係，通過合作過程，選擇誠實可信、聲譽良好的供應商合作，可以杜絕假冒偽劣商品的混入，提高本中心企業形象。

⑶盡力降低採購集貨風險，通過對商品市場的調查，瞭解商品供需狀況，減少因採購批量不當而造成庫存積壓。

⑷確定採購集貨操作時間，防止因採購不及時造成脫銷或停止生產。

2. 存貨控制功能

物流中心必須保持一定水準的貨物儲存量。一方面，如果低於合理的儲存量水準，可能帶來負面效應。另一方面，過高的庫存水準會造成資金積壓和物流成本的上升。因此，物流中心必須掌握客戶資訊，供應商資訊，在保證供應的前提下，嚴格控制存貨水準。

3. 貨品流通加工功能

物流中心的加工主要是為了延遲生產，擴大和提高經營範圍和配送服務水準，同時增加貨物價值。加工形式主要有以下類型：

⑴ **切割加工**。對整件貨物通過分割形成等量或等額單元。切割加工還可以提高貨品利用率，按照客戶要求提供相應規格的貨品。

⑵ **分裝加工**。為了便於生產或銷售，貨物按要求被重新包裝成大包裝、小包裝、運輸包裝、銷售包裝等多種形式包裝。

⑶ **分選加工**。由於購進貨物在質量等級、規格、花色上存在一定差異，不利於生產或銷售，必須進行有效的、有目的性的人工或機械方式分選，以滿足不同需求。

⑷ **混合加工**。為了減少進貨及存貨的貨品種類，同時滿足客戶訂貨的多品種要求，對不同品種的貨品按照客戶要求或者商品標準進行混合加工。

4. 貨品分揀功能

貨品分揀是按照客戶訂單要求對貨品進行挑選的過程。通過分揀滿足客戶所需貨品的數量。同時由於物流中心面對廣泛的用戶且用戶之間存在差異性，因此，對所需貨物進行規模性分離、揀選，從而滿足客戶訂單品種及數量要求。

5. 貨品組配功能

貨品的組配功能是物流中心實現價值的重要功能：

①通過貨品組配，減少單位貨品運輸距離；

②通過貨品組配，減少單位品種訂貨成本；

③通過組配，降低客戶訂貨批量限制，從而降低客戶存貨成本。

6. 貨品週轉功能

①連接生產領域和消費領域的空間距離。許多供應商製造的產品通過物流中心送達各用戶。

②連接生產領域和消費領域的時間距離。由於貨物的製造與貨物的消費不可能保持時間一致，因此客觀上存在供需矛盾，而物流中心就是通過其功能的發揮，有效地解決這一矛盾。

7. 資訊處理功能

物流中心的整個業務活動必須嚴格按照訂貨計劃或通知、各用戶的訂單、庫存準備計劃等內容進行有效操作，而這一過程本身就是資訊處理過程。如果沒有資訊，物流中心就會死水一潭。資訊的處理具體表現在：

⑴**接受訂貨**。接受用戶訂貨要求，經綜合處理後，確定相應供貨計劃。

⑵**指示發貨**。接受訂貨後，根據用戶分佈狀況確定發貨網點，通過電腦網路或其他方式向發貨網點傳達發貨指示。

⑶**確定配送計劃**。確定配送路線和車輛，選定最優配送計劃並發出配送命令。

⑷**控制系統**。物流中心即時或定時瞭解採購情況、庫存情況、加工情況、配送情況，以便準確、迅速、有效處理業務。

⑸**與製造商和用戶的銜接**。掌握製造商的情況，就能及時向製造商發出採購通知以便於進貨，同時瞭解各用戶對貨物的要求，也便於及時儲存貨物和運輸貨物，滿足用戶需求。

8. 客戶服務管理功能

面對日益激烈的國內、國際市場競爭和消費者價值取向的多元化，加強物流管理，改進客戶服務是創造持久競爭優勢的有效手段之一。從物流的角度看，客戶服務是所有物流活動或供應鏈過程的產物，客戶服務水準是衡量物流系統為顧客創造的時間和地點效用能力的尺度。客戶服務水準決定了企業能否留住現有的顧客及吸引新顧客的能力，也直接影響著企業的市場佔有率和物流總成本，並最終影響其贏利能力。因此，在物流中心的設計和運作中，客戶服務管理是至關重要的環節。

9.貨品儲存管理功能

物流中心的存貨功能依然是重要的功能之一，儘管流轉，配送佔據著越來越重要的作用。特別是供應商距離較遠的情況下，物流中心的貨品儲存功能就加大。物流中心原始形態是由倉庫轉變過來的，所以倉庫的儲存功能自然也是物流中心不可或缺的功能之一。

10.運輸服務管理功能

物流中心雖然可以不擁有車輛，可以將運輸業務外包，但運輸依然是物流中心的重要功能之一。特別是現代物流管理，強調物流功能之間的協調，強調功能的整體優化，運輸功能即是組成物流中心整體服務的重要一部份，提高運輸效率又是物流中心關注的焦點。

三、物流管理的作用

為了加強企業的核心競爭力，應針對連鎖物流開展專業管理，建立物流中心，對採購、儲存、運輸、配送和資訊等進行統一管理，這對降低成本、提高效率、更好地滿足客戶的需要有著極其重要的作用。主要體現在以下幾個方面：

1. 降低經營成本，提高市場競爭能力

通過集中採購、儲存、配送和運輸等方面的有效管理，實行大批量的進貨，從而取得購買價格上的優惠和節約進貨成本，使商品在價格上具有市場競爭優勢。

2. 加速資金運轉，降低流通費用

通過物流中心提供的準時配送和即時配送等配送服務，各連鎖店就不需要建立自己的庫存或只需要保持少量的保險儲備，從而解放出大量的儲備資金，改善企業的經營狀況。此外，由於運輸是將各個連鎖點的小批量商品集中起來進行送貨的方式，在貨源上能夠集零為整，擴大運輸批量，提高運輸工具的載重量和利用率，使商品的運輸以最經濟的方式進行，節約運輸費用。

3. 提供優質服務，滿足多樣化需求

連鎖業對物流實行專業管理，不僅能夠降低經營成本，而且能夠通過先進的物流資訊系統和物流技術，將客戶所需的商品及時有效地傳送到各商店，並根據客戶的需求迅速調整貨源，以滿足客戶的多樣化需求，促進連鎖商店的銷售，提高連鎖經營的效益。

四、物流中心系統設計的構成

連鎖業物流系統主要由資訊系統和作業系統兩大模塊組成。作業系統主要是由保管、運輸、包裝和配送等子系統相互運作而構成的。其中保管和運輸是基礎，配送和包裝等系統是圍繞著保管和運輸運作的，並在資訊系統的調控下運行和發展的。

1. 保管系統的設計

⑴倉庫位置的確定。 倉庫地理位置的合理程度，直接影響著物流速度和物流費用。如何根據工農業生產佈局和消費市場的分佈來合理選擇倉庫的位置，是一個極為重要的問題。

為了較準確地確定倉庫的最佳位置，首先要求全面分析影響倉庫位置選擇的主要因素，如商品的運輸量、運輸距離和運輸費用等。以這些影響因素來確定倉庫地理位置的方法，主要有以下 3 種：

①重心法。 重心法是指以商品的運輸量為出發點來考慮倉庫的地理位置。它是根據從倉庫到各供應地或需要地運輸量的大小不同，通過合理地選擇倉庫的位置，使總的運輸費用最小。

②最短距離法。 最短距離法是從物品的運輸距離長短出發考慮倉庫的地理位置。它的目的是通過選擇倉庫的地理位置，使從這一點到各個供應地或需要的直線距離之和為最短，從而節約物流費用。

③最小噸公里法。 這種方法是同時考慮了物品的運輸量和運輸距離，使選擇的倉庫位置到各需要地的噸公里數達到最小，從而實現物流費用的最小化。

上述確定倉庫位置的各種方法，分別是以運輸量、運輸距離和運輸費用的多少為依據來確定的。但是實際上，影響倉庫位置選擇的因素是很多的，如運輸方式、社會經濟的發展變化等。因此，在確定倉庫位置時，除了上述各種因素外，還要考慮各種環境因素變化的影響，注重調查分析，對各種因素的發展變化情況做出正確的預測，這樣才能使倉庫位置的選擇更加合理。

⑵對構成倉庫系統的要素進行分類分析。 連鎖業構成倉庫物流系統的要素有：商品、庫場和設備等。對於儲存的商品可以按照商

品特徵（尺寸、重量、形狀、易損性等）以及物流的動態因素（出入庫頻率、批量、時間等）和控制（政策控制、法律控制等）進行分類，並列出商品的分類表。

對於庫場可以按庫間和場區為單位，並按建築的結構、承載量、層高和位置等因素進行分類，擬訂庫場分類表。

對於設備可以根據技術特徵或經濟特徵進行分類。其中，技術特徵是按不同功能將設備分類，如電梯、叉車等。經濟特徵分類的法則是將設備根據其在終端作業的費用與移動過程的費用各所佔比重的高低分為終端設備和移動設備兩種。例如，叉車是終端設備，運輸車是移動設備。

⑶訂貨進貨作業系統設計。連鎖的分支機構在一線服務顧客，物流保管系統作為後勤提供各項支援，兩者必須配合得天衣無縫，才能使顧客滿意。因此在兩者之間的聯繫方面，必須要有一定的模式來運作。一般而言，連鎖分支機構和保管系統聯繫最頻繁的是訂貨、進貨與出貨三項作業，因此在保管系統中這三項作業的管理最為關鍵。

①訂貨作業系統設計。訂貨作業是指連鎖分支機構在商品不足情況下，向總部所提出的送貨要求。訂貨作業系統的設計主要包括以下兩個方面的工作。

- 訂貨流程的設計。連鎖分支機構在產生商品需求時，一般可通過系統連線（或者電話、傳真等）向總部提出要求，然後由總部再匯總連鎖店的需求向物流中心訂貨。其流程如圖 5-1 所示。

圖 5-1 訂貨作業流程

連鎖分支機構	總 部	物流中心
提出要求 ↓ 商品需求單 →	商品需求單 需求彙整 總商品需求單 →	總商品需求單 提貨單 送貨單

一般來說，絕大多數連鎖業的訂貨時間比較固定，各分支機構對商品進行盤點後，能針對所缺的商品數量及時反饋，向總部提出訂貨的請求，然後由總部根據銷售情況來調節控制、提供商品。

· 訂貨表單的設計。連鎖業的訂貨作業應實行標準化，使用標準單據。商品需求單的內容應包括貨品名稱、數量、交貨時間、送貨地點等。各個連鎖分支機構的商品需求單統一報到總部進行匯總，形成總商品需求單，總部根據總商品需求單上所匯總的需求量，統一訂貨。樣單如表 5-3、表 5-4 所示。

表 5-3　×××公司商品需求單

NO：12568

開單日期：2005 年 3 月 18 日　　第十分店

貨品名稱	數量	單位	單價（元）	金額	交貨時間	送貨地點
高露潔牙膏	100	隻	25	2500	3 月 18 日	深南路 10 號
金 額：	貳仟伍佰元整（2500）					

店長：　　保管員：　　開單人：

表 5-4　×××公司總商品需求單

NO：12568

開單日期：2005 年 3 月 18 日　　第十分店

貨品名稱	數量	單位	單價（元）	金額	交貨時間	送貨地點
高露潔牙膏	100	隻	25	2500	3 月 20 日	深南路 10 號
355 毫升可口可樂	4	箱	440	1760	3 月 20 日	深南路 10 號
娃哈哈礦泉水	6	箱	220	1320	3 月 20 日	深南路 10 號
雀巢咖啡	10	盒	88	880	3 月 20 日	深南路 10 號
康師傅 3+2 餅乾	50	包	30	1500	3 月 20 日	深南路 10 號
金 額：	柒仟玖佰陸拾元整（7960）					

負責人：　　匯總人：　　開單人：

②**進貨作業的設計**。連鎖業的進貨作業是指商品運送到物流倉庫所做的入庫作業。進貨作業設計的主要工作如下：

· 進貨流程的設計。連鎖業的物流中心在商品送達時，應予以查收確認，然後入庫並記錄於賬目中，接著檢驗架上商品的狀況，決定領出的商品數量並予以上架。其流程如圖 5-2 所示。

圖 5-2　進貨流程圖

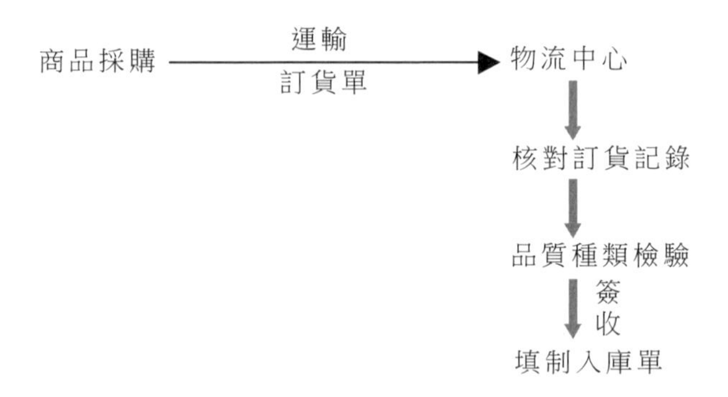

· 進貨表單的設計。連鎖業的進貨流程和訂貨流程一樣，都需要填製表單，在對訂貨記錄進行核對、對商品的種類進行檢驗並簽收後，應填寫入庫單，內容包括產品名稱、入庫數量、入庫日期、經手人等，樣單如表 5-5 所示。

表 5-5 ×××公司入庫單

供貨單位：××有限公司

收貨單位：×××公司倉庫

庫別：12　　　　　　　　　　　　2005 年 3 月 19 日

類別	日用品類			合計
品名	高露潔牙膏	黑妹牙膏	中華牙膏	伍拾肆萬伍仟元整
單位	隻	隻	隻	
數量	10000	5000	10000	
單價（元）	25	3	28	
金額（元）	250000	15000	280000	
包裝數	10	5	10	
件數	10	5	10	

驗收單位：　　覆核：　　經手人：　　倉管員：

訂貨和進貨作業的設計，關係到商品能否適時適量地送達連鎖分支機構，滿足客戶的需求，並且不會造成連鎖分支機構的商品積壓及貨賬不符的情況，使物流中心的作業更加順暢。因此在設計時應考慮採用網路和電腦等先進技術實行動態控制，確保賬目的記錄及時正確，使訂貨和進貨作業能滿足連鎖經營的需要。

2. 運輸系統設計

運輸是物流過程各項業務的中心活動之一，一切物質產品的生產和消費都離不開運輸。物流合理化在很大程度上取決於運輸的合理化問題，所以，在連鎖業物流系統的設計中，運輸系統設計就顯得尤為重要。

(1)**運輸方式的選擇**。運輸方式的選擇是物流合理化的重要內容，對於進出貨物必須採用適合的運輸手段，以實現節約運費、縮短運輸時間等目標。

各種運輸方式都有各自的特點，不同類商品對運輸的要求也不盡相同。因此，合理選擇運輸方式，是合理組織運輸、保證運輸質量、提高運輸效益的一項重要內容。

運輸方式的選擇與運輸目標密切相關，物流系統的運輸目標是實現迅速安全和低成本的運輸。但是，運輸的迅速性、準確性、安全性和經濟性之間是相互聯繫、相互制約的。若強調運輸的速度、準確和安全，則運輸成本就會增大；反之，若強調運輸成本的降低，就會影響運輸其他目標的全面實現。因此，在選擇運輸方式時，應綜合考慮運輸的各種目標要求，採取定性分析與定量分析相結合，通過綜合評價來選擇合理的運輸方式。主要步驟如下：

①確定運輸方式的評價因素集，如運輸方式的經濟性、迅速性、安全性和準確性等。如果用 F_1，F_2，F_3 和 F_4 分別表示運輸方式的經濟性、迅速性、安全性和準確性的值，且各因素對運輸方式選擇具有同等重要性，則運輸方式的綜合評價值 F 為：

$$F=F_1+F_2+F_3+F_4$$

②確定各評價因素的權數。由於商品的形狀、價格、交貨日期、運輸批量和收貨單位等不同，運輸方式的這些特性對運輸方式的選擇所起的作用也各不相同。因此，可以通過對這些評價因素賦予不同的權數加以區別。例如，這 4 個評價因素的權數分別為 α_1，α_2，α_3，α_4，且有：

$$\alpha_1+\alpha_2+\alpha_3+\alpha_4=1$$

③計算各種運輸方式的綜合評價值並進行選擇。在確定各評價因素的權數後，各運輸方式的綜合評價值可表示為：

$$F = \alpha_1 F_1 + \alpha_2 F_2 + \alpha_3 F_3 + \alpha_4 F_4$$

如果可供選擇的運輸方式有鐵路、公路和水運，它們的評價值分別為 F（R），F（T），F（S），則有：

$$F(R) = \alpha_1 F_1(R) + \alpha_2 F_2(R) + \alpha_3 F_3(R) + \alpha_4 F_4(R)$$
$$F(T) = \alpha_1 F_1(T) + \alpha_2 F_2(T) + \alpha_3 F_3(T) + \alpha_4 F_4(T)$$
$$F(S) = \alpha_1 F_1(S) + \alpha_2 F_2(S) + \alpha_3 F_3(S) + \alpha_4 F_4(S)$$

顯然，其中評價值最大者為選擇對象。

⑵物流運輸區域的劃分。運輸區域的劃分大致可分為兩種，第一種為輻射狀運輸區域，第二種則是環狀運輸區域。所謂輻射狀運輸區域，是將運輸系統負責的區域，做一個輻射狀的劃分，而每一台運輸車輛則不分遠近地運輸該區域內所有的連鎖分支機構，這種做法使每台運輸車輛的運輸距離相差不多。

目前某些物流中心按照郵編區號來劃分運輸區域的方式，原則上可以算是輻射狀的運輸區域。而環狀運輸區域則是指將運輸系統負責的區域，依照距離遠近，做一個環狀的劃分，每一台運輸車輛負責運輸不同距離的區域內的連鎖分支機構。

這種方式意味著負責較近的區域運輸的車輛會較快地送完，而負責較遠區域的運輸車輛，則必須花費較長的時間運輸。因此若為了維持遠近區域均有相同的服務水準，較遠區域的運輸必須由更多的車輛來承擔。連鎖業應根據商品性質、市場需求和企業實際情況等來選擇運輸區域的劃分方式。

⑶**運輸路線的設計**。送貨路線的合理與否直接關係和影響到配送的速度、成本和效益。因此，採用科學的方法確定合理的運輸路線是物流系統運行中的一項重要工作。確定運輸路線可以採取各種數學方法以及在數學方法基礎上發展和演變出來的經驗方法。但是無論採用那種方法，都應首先確定要達到的目標，然後考慮實現目標的各種限制因素，最後在有約束條件的情況下去尋求最佳的解決方案。

①運輸路線設計的目標。在滿足運輸基本要求的前提下，運輸路線設計的目標可以有以下多種選擇：

· 效益最高。效益是企業整體經營活動的綜合體現，可以將其具體化為以利潤來表示。因此在計算時可以利潤數值最大化作為目標值。但是由於效益是企業經營活動的綜合反應，受多種因素的影響，在數學模型中很難與運輸路線之間建立函數關係，因此一般很少採用這一目標。

· 成本最低。成本與運輸路線之間有著密切的關係，當成本對最終效益起決定作用時，選擇成本最低為目標實際上就是選擇了效益最高為目標。由於成本目標具體、實用，且與運輸路線的長短有直接的關係，因此可以採用這一目標。

· 路程最短。當成本和路程的長短強相關、而和其他因素微相關時，就可以採取以路線最短為目標。但需注意的是，有時路程最短卻不一定成本最低，如道路條件、收費等情況都會對成本產生影響，此時僅以最短路程作為最優解，顯然就不合理了。

· 噸公里最小。噸公里數最小通常是長途運輸所選擇的目標。在選擇共同運輸方式時，也可用噸公里最小作為目標。

· 準時性最高。準時性是運輸的重要服務質量指標。以準時性為目標確定運輸路線就是要將各客戶的時間要求和路線的先後到達次序安排協調起來。這樣有時難以顧及成本問題，甚至要以較高的成本來滿足準時性的要求。為此就要根據不同的情況和要求，在高水準服務和高成本之間權衡利弊，進行抉擇。

· 運力利用最合理。在運力緊張、運力與成本或效益又有一定的相關關係時，為了節約和充分利用現有運力，也可以運力安排合理與否為目標來確定運輸路線。

· 勞動消耗最低。即以司機人數最少、司機工作時間最短、油耗最低等勞動消耗為目標確定運輸路線。

上述任何一項目標在實現時都會受到許多條件的約束和限制。因此連鎖業在確定配送路線時，必須在滿足各種約束條件的前提下，綜合考慮各種因素，權衡利弊來選擇要實現和達到的目標。

②運輸路線設計的方法。在確定了運輸路線設計的目標後，連鎖業應根據運輸目標採用科學有效的方法來確定運輸路線。一般來說，連鎖業確定運輸路線時可以採用以 2 種方法：

a. 方案評價法。連鎖業在確定運輸路線時，當遇到影響運輸路線選擇的因素較多、難以用某種確定的數學關係來表示，或難以用某一項指標作為評價標準的情況下，可以採用方案評價法來選擇最優方案。其基本步驟如下：

第一步擬訂運輸路線方案。首先以某一項較為突出和明確的要求作為依據，擬訂出若干個不同的方案，在方案中要求提出運輸路線發經地點、使用車型等參數。

第二步對各運輸路線方案所引發的資料，如運輸距離、運輸成本、行車時間等資料進行計算，作為評價的依據。

第三步確定評價專案。即決定從那些方面對各方案進行評價，如動用車輛數、使用司機數、油耗、總成本、行車難易度、準時性、裝卸效率等方面都可以作為評價的專案。

第四步對各種方案進行綜合評價。為了便於對各種方案進行評價比較，可以依據各評價專案列出綜合評價表，對每一專案進行打分，根據各方案最後的綜合得分，選出最優方案。

b. 數學計算法。數學計算法是利用數學模型進行數量分析的運輸路線設計方法。連鎖業常用線性規劃等數學模型來解決運輸路線的確定。如通過表上作業法和圖上作業法的求解來確定最佳的運輸路線等。

五、連鎖業物流中心的運行機制

連鎖業物流系統的運行機制主要是指物流系統的運作流程，實質上就是系統內各個要素相互合作的過程。其基本程序如下。

1. 市場訊息收集

總部員工、連鎖店及供應商登錄到物流系統，錄入最新的市場訊息，這些資訊一般包括商品名稱、數量、價格和質量等。市場訊息收集是連鎖業物流系統運行的第一步，也是確保企業採購工作「適銷對路」的關鍵一環。

2. 將市場訊息轉換成採購資訊

採購員登錄系統，根據與供應商貨源的聯繫情況，對各條資訊進行評估，並做出相應的處理。一部份市場訊息會因為無法採購或認為價值不大而被「拋棄」，另一部份被認為有價值且可以採購的市場訊息則被轉換為採購資訊。

3. 連鎖分支機構徵訂

各連鎖店登錄系統，查詢新品的採購資訊，並填寫各自所需求的數量，填寫商品需求單，發送舊貨的補貨資訊，提交總部確認。

4. 總部進行採購

總部採購員通過訂單系統查看各連鎖分支機構的徵訂資訊，根據資金狀況和營銷計劃等因素，對連鎖分支機構的徵訂數量進行評估。在此基礎上提出採購建議，經採購、物流、財務等部門審批後，通過訂貨管理模塊向供應商發出採購資訊，進行採購。

5. 進行物流配送

物流中心根據各分支機構的徵訂資訊，通過配送系統對各分支機構進行配送。分支機構根據物流中心的配送商品和配送單進行驗收，合格商品入庫，填制入庫單，並列印收貨單給物流中心。

6. 進行商品跟蹤

對於配送商品的發貨情況，連鎖分支機構和供應商可以通過物流資訊系統，按一定的許可權，查看相關商品的動銷情況。同時，總部、連鎖分支機構可以通過系統查看相關資訊的匯總情況。

7. 進行物流資訊的分析處理

總部業務部對市場及商店的進、銷、存資訊進行抽取、匯總和分析，做出科學決策，修改商品的配送計劃或與供應商簽訂配送協定，使物流系統更趨合理和優化。

六、進貨

物流中心是一種多功能、集約化的物流據點。作為現代物流方式和優化銷售體制手段的物流中心，把收貨驗貨、存儲搬運、揀選、分揀、流通加工、配送、結算和資訊處理，甚至訂貨等作業，有機地結合起來，形成多功能、集約化和全方位服務的供貨樞紐。

物流中心的作業流程總圖，如圖 5-3 所示。

圖 5-3　物流中心作業流程總圖

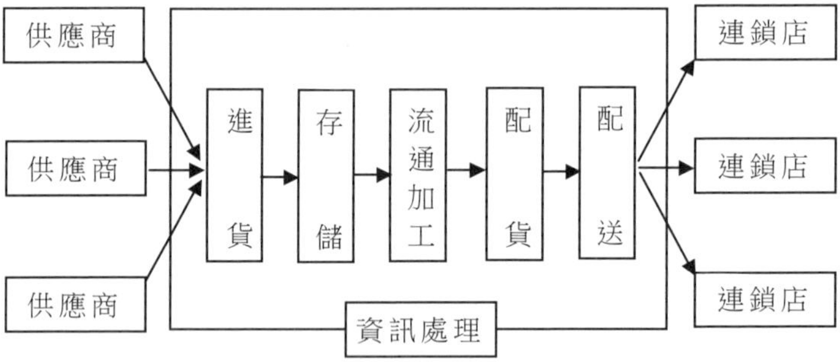

供應商
供應商
供應商
進貨
存儲
流通加工
配貨
配送
資訊處理
連鎖店
連鎖店
連鎖店

物流中心的進貨環節是商品從生產領域進入流通領域的第一步。基本的環節包括商品從貨運卡車上卸貨、點數、分類、驗收，並搬運到物流中心的存儲地點。它包括：卸貨作業，驗商品條碼，商品點驗作業和搬運作業，最終將商品從卸貨地點運送到存儲地點。

1. 收貨驗收的目的

驗收的目的之一，在於與送貨單位分清責任。在商品運輸過程中，因為種種原因，可能造成商品溢缺，需要供需雙方當面查點交接。

2. 收貨檢驗的內容

收貨檢驗是一項細緻複雜的工作，一定要仔細核對，才能做到準確無誤。收貨檢驗包括對商品質與量的控制，主要通過設置明確的標準，在進貨和存儲中進行記錄跟蹤，利用資訊系統進行報警和跟蹤進行控制。從目前實際情況來看，有兩種核對方法，即「三核對」和「全核對」。「三核對」即核對商品條碼（物流條碼），核對商品的件數，核對包裝上的品名、規格、細數。只有做到這「三核對」，才能做到品類符合、件數準確。如遇品種繁多的小商品，則要採用全核對的方法，要以單對貨，核對所有項目，即品名、規格、顏色、等級等等，才能保證單貨相符，準確無誤。

3. 商品堆垛的要求

商品的堆垛一定要從保證商品安全和便於點檢、覆查出發，要規範化操作。在商品碼託盤時應注意，商品標誌必須朝上，商品擺放不超過託盤的寬度，每板高度不得超過規定的高度。商品重量不得超過託盤規定的載重量。託盤上的商品儘量堆放平穩，便於向高堆放。每盤商品必須標明件數，上端用行李鬆緊帶捆紮牢固，防止跌落。

4. 收貨的操作程序

⑴當供應商送貨卡車停放收貨站台時，收貨員「接聯單」，對於沒有預報的商品需辦理有關手續後方可收貨。

⑵卸貨核對驗收，驗收商品條碼、件數、質量、包裝等。

⑶在核對單（包括預報）貨相符的基礎上簽蓋回單和在收貨基礎聯上蓋章並簽註日期；對於一份收貨單的商品分批送貨的，應將每批收貨件數記入收貨檢查聯，待整份單據的商品件數收齊後，方可蓋章回單給送貨車輛帶回；對於使用分運單回單制度的單位，除分批驗

收蓋章回單外，貨收齊後可蓋章總回單。

⑷在貨堆齊後，每一託盤標明件數，並標明這批商品的總件數，以便與保管員核對交接。在運貨操作過程中，為了做到單貨相符、不出差錯，在送貨與覆核之間最好由兩人進行。

⑸收貨檢驗在商品配送工作中具有相當重要的地位。所以要求每一個收貨員在工作中一定要做到忙而不亂、認真核對；一定要做到眼快手勤，機動靈活地選擇驗收方法；一定要熟悉商品知識；一定要一絲不苟地檢驗，發現商品件數不符，必須查明原因，按照實際情況糾正差錯，決不含糊。

七、入庫、保管作業

入庫時保管員應該按《進貨登記表》覆核資料，將庫號、貨位號輸入電腦；列印《商品倉卡》；並記錄到《物流中心進庫商品登記表》。

存儲方式通常有兩種：

1. 託盤堆垛方式

即使用堆高機將堆滿商品的託盤直接放置到存儲的位置，再將第二個託盤、第三個託盤的商品用堆高機依次提高堆放。這種堆放方式完全採用堆高機作業，不需人力，但託盤上的商品必須堆碼平整，讓上面的託盤能平穩放置。

2. 貨架存儲方式

貨架存儲系統一般由許多個貨架組成。

通常我們把貨架縱列數稱為「排」，每排貨架水準方向的貨格數稱之為「列」，每列貨架垂直方向的貨格數稱之為「層」。一個貨架系統的規模可用「排數×列數×層數」，即貨格總數來表示。

貨架存儲系統具有以下優點：

· 充分利用倉庫空間，消滅或降低蜂窩率（貨物重疊），提高倉庫利用率。
· 每一貨格都可以任意存取，商品品類的可揀選率達到 100%。
· 商品不受上層堆疊的重壓，特別適宜於異類貨物和怕壓易碎的商品。
· 便於機械化和自動化操作。
· 便於實行「定位存儲」和電腦管理。

在存儲環節要著重抓好幾項工作。

⑴分區分類、合理存放。

⑵要研究和組織合理的存儲，解決好合理存儲量、商品的合理庫存結構、合理存儲時間和合理的存儲網路等問題。

⑶做好商品的養護工作，特別是食品的日期管理。具體規定是，收貨時保質期還剩餘 2/3 的時間，存儲期間保質期還剩餘 1/3 的時間，超出以上情況系統應做預警。

⑷安全與優質存儲。

⑸庫存盤點。

如有以下情況，向經營部門提交庫存異常報表。

⑴30 天無出貨商品預警——久儲未動造成積壓的商品清單。

⑵滯銷商品庫存——出貨量小庫存量大的商品清單。

⑶完全無動銷庫存——入庫後未出貨商品。

八、揀貨

揀貨（又稱配貨揀選），是物流中心根據客戶提出的訂貨單所規定的商品品名、數量和存儲倉位地址，將商品從貨架或貨堆上取出，搬運到理貨場所。

商品揀選作業一般有兩種方法：即播種法和摘果法。

⑴**播種法**：將每批訂貨單上的相同商品各自累加起來，從存儲倉位上取出，集中搬運到理貨場，然後將每一商場（即要貨單位）所需的數量取出，分放到該要貨單位商品運貨位處，直至配貨完畢。

⑵**摘果法**：巡迴於存儲場所，按某要貨單位的訂單挑選出每一種商品，巡迴完畢也完成一次配送作業。將配齊的商品放置到發貨場所指定的貨位。然後，再進行下一個要貨單位的配貨。

如食品行業揀選的作業量要佔整個工作量的80%，故物流中心對揀選作業的機械化非常重視。目前，揀選設備大多採用貨架揀選式堆高機系統、揀選重力貨架系統，特別是電腦控制自動顯示的重力式貨架揀選系統。

九、分揀作業

一般在理貨場地進行，它的任務是將發給同一客戶（如商場）的各種商品彙集在一處，以待發送。

分揀作業的方法主要可分人工分揀和自動化分揀兩種。目前，倉庫、物流中心基本上都採用人工分揀。其優點是：機動靈活，不需複雜、昂貴的設備，不受商品包裝等條件的制約。缺點是：速度慢、工作效率低、易出差錯，只適用於分揀量小、分揀單位少的場合。對此，理貨作業的覆核作業是非常重要的。

十、配送

配送工作包括兩道工序，一是裝車，二是送貨上門。目前的裝車作業有人工裝車、使用堆高機託盤和採用籠車三種作業方式。

配送不是簡單的「送貨上門」，而是運用科學而合理的方法選擇配送車輛的噸位、配載方式，確定配送路線，以達到「路線最短、噸公里最小」的目標。

十一、退調作業（分店向物流中心退貨和調撥）

退貨作業是連鎖業最主要的逆向物流，直接影響連鎖業和供應商的物流成本和經營效益，也是管理的薄弱環節，並且相當耗費人力。

⑴退貨作業的關鍵是分區處理。資訊系統必須支援退調商品的分區管理。

⑵一般退貨或換貨的原因如下：

· 搬運中損壞。

· 商品過期退回。

· 次品回收。

· 商品送錯退回。

⑶退貨的種類：

· 分店退物流中心。

· 商店直接向供應商退貨。

· 物流中心向供應商退貨。

十二、盤點

庫存準確率是衡量零售企業管理水準的標杆之一，盤點是維護物流中心庫存準確率的重要監控手段。為了不影響正常的配送作業，大多數物流中心實施定期循環盤點，循環盤點包括分區盤點、出貨品種和隨機抽查盤點。拆零商品由於內盜嚴重，應實施每天盤點。

十三、物流中心的資訊處理

在物流中心的營運中，資訊系統有著中樞神經的作用，對外與生產商、批發商、連鎖商場及其他客戶等聯網，對內向各子系統傳遞資訊，把收貨、存儲、揀選、流通加工、分揀、配送等物流活動整合起來，協調一致。

⑴隨時（或定時）掌握整個物流系統的現狀。

⑵接受訂貨，通過來自商場的電話、傳真或電腦。

⑶指示發貨：處理各種訂單資訊，選擇就近的物流中心發貨，並向該物流中心的終端傳送發貨指令。

⑷組織揀選、分揀、配送計劃並發出作業指令，包括編制最優化的作業單、計算裝載效率、選定運輸配送車輛、發出配送指令等等。

⑸反饋作業資訊，結算費用。

⑹物流中心的日常業務管理（如庫存管理，依照訂貨資訊進行預測，根據發貨資訊進行實際庫存管理）。

⑺補充庫存，提出要貨計劃。

⑻與外系統聯網（或聯機），進行資訊交流，包括將銷售資訊及時向生產企業反饋，對系統外物流企業提出運輸、存儲方面的要求。

心得欄

第六章

物流中心的組織

物流中心組織的設計是指對企業的物流組織進行規劃、構造、創新或再構造，使組織的目標得到有效的實現。物流中心組織的設計與單純確定運輸和保管的物流業務部門有著明顯的區別，應從物流的地位、效率、系統的合理性等方面，全方位考慮物流活動，建立起一個有供應商、工廠、分公司、分銷商之間協同運作的、高效的組織體制。

一、物流中心的組織設計原則

根據物流中心的組織特點和市場情況，設計物流組織結構應遵循以下原則。

1. 精簡精幹原則

所謂精簡精幹原則，是指企業物流組織在滿足物流經營業務需要的前提下，使組織結構的規模和物流管理人員的數量相匹配的原則。

其標誌有三個方面：第一是物流企業的部門設置得當；第二是沒有多餘的管理環節和層次；第三是企業配備的人員數量與應完成的任務量相適應，沒有人浮於事的現象。物流企業組織形式要求精簡精幹，關鍵在於精，應以精求簡。因此，企業物流組織可以根據扁平化的組織結構思想，進行組織形態的設計和調整。

2. 效率和效益原則

物流組織無論是組織結構的構思，還是組織結構的建立都應遵循效率和效益原則。這是確定物流組織形態的綜合原則，一在設計時必須充分考慮。

要堅持效率與效益原則，一方面，企業物流組織應當盡可能地通過組織形態的調整不斷增強實現經營目標的能力，使經營過程高效率，經營成果高效益。另一方面，企業物流組織還要千方百計降低經營成本。例如，在一般情況下，或在業務發展的初級階段不宜設立分支機構，應當優先選擇代理商或其他合作夥伴。當確有必要建立分支機構時，應當進行認真的成本預算分析，同時，還要充分估計到由於形成塊狀結構所帶來的各種風險。

3. 以用戶為中心原則

長期以來，企業不是以市場和用戶為中心，不少物流企業仍然殘留著計劃經濟的痕跡。一些企業的組織形式中也不可避免地存在與市場經濟不相適應的部門和職能，因此，圍繞以市場和用戶為中心的原則來改進物流組織結構具有十分重要的意義。

連鎖業物流組織要實現以市場和用戶為中心，就必須以其合理的組織結構加以保證，這就是說要有相應的組織機構和流程來保證用戶真正成為上帝。

4. 適應性原則

運用適應性原則確立連鎖業物流組織形態，增強適應能力，主要應考慮以下三點：首先，物流組織能夠適時做出判斷並能夠提出改變的方向或者方案。其次，物流組織能夠較快地實施提出的組織結構改變方案，並進行有效的監督和評價。最後，物流組織內各部門、各崗位的職權與責任相互適應，使整個經營管理活動持續不斷地順利進行，使各方面的關係有效地得到協調。

5. 與業務流程相結合原則

對企業物流活動來說，單純地以一兩個用戶為中心的業務流程設計並不複雜，但是，全面的業務流程設計則不是一個簡單的問題。完整的業務流程將改變傳統組織形態的許多觀念，影響物流部門的設置和職能的劃分。因此，連鎖業物流組織結構必須緊密結合物流經營管理活動和業務流程來設計、選擇和確定。

6. 與電子商務相結合原則

物流發展的實踐表明，電子商務的實施與發展，將對物流的組織結構以及物流組織內部各部門的職權、地位和責任產生較大的影響。因此，連鎖業物流組織結構的建立要充分考慮實施電子商務的要求，把電子商務建設與物流組織建設緊密結合起來。

二、物流組織的發展

連鎖業是通過對物流組織結構的設計來進行物流經營管理活動的分工的，將不同的管理人員安排在不同的管理部門和崗位，並通過管理作業來使整個管理系統有效地運轉。就連鎖業物流系統來說，物流組織設計的任務就是如何確定物流部門、歸納物流業務、確立物流部門與其他部門之間的關係。

在不同的發展階段，由於市場的變化和企業的規模、戰略、技術、經營方式等方面的變化，連鎖業物流組織結構模式也有所不同。在連鎖業物流發展過程中，形成了 5 個階段的物流組織結構模式。

1. 第一階段的物流組織結構

連鎖業初期的物流功能，分散於連鎖業的組織結構中。這是因為根據傳統的職能專業化分工設置的各個部門，使得物流活動實際上分散在各相關專業活動之中，由上級主管部門進行協調。在職能分工中，全部物流職能直接由採購、銷售、財務、服務、市場營銷等部門負責監督管理，簡單直接，不存在物流責任的推諉，但是各部門可能從各自利益出發，使物流系統運行協調困難。企業整個物流活動缺乏系統連接，容易出現斷流現象。

連鎖業這種分割式的物流組織結構，在早期運作時有其合理性，企業物流在不改變原配置的情況下就能在組織體系中運行。但是，由於部門之間缺乏有效交流，綜合物流系統的優點就無法體現出來，潛在的競爭優勢受到影響。

2. 第二階段的物流組織結構

在第一階段物流管理組織結構的基礎上，將各專業部門內的物流功能進行合併和集合，使物流活動在連鎖業整個組織中凸顯出來，以便各部門進行計劃、控制和協調。這一階段，連鎖商業企業中出現了配送部門。這個部門是一個單獨的管理部門。銷售部和商品部將其大量的物流活動歸給配送部門，財務部沒有變化。

這種組織結構形式，一般不增加管理幅度，只是在基本職能部門內進行劃分，以適應經營管理需要的結構形態，比較適合於外部環境較為穩定、採用常規技術、重視內部營運效率和員工專業素質的中小型連鎖業。但是，第二階段的物流組織結構對於整個連鎖業物流系統來說，雖然功能得到整合，可是並未改變物流流程的分散性，物流業務的這種分割狀態仍然影響著整體物流的合理化與效益。

3. 第三階段的物流組織結構

隨著物流量的擴大和認識的提高，連鎖業物流逐漸在經營中作為一項管理職能固定下來，物流在連鎖業組織結構中的地位日益得到重視。在這個階段，配送部門的職能繼續擴大，增加了訂貨過程、顧客服務、庫存控制、進貨運輸等內容，一些配送經理的名稱改成了物流經理。現在美國、加拿大大約有 38%的公司已經進入了這個階段。

第二階段的配送經理強調運輸，而第三階段的配送經理則強調預算。配送經理在物流管理中的主要工作有：規劃物流系統以獲得績效的回報，鞏固綜合物流組織，執行綜合物流措施等。配送經理採取的戰術有：重新計劃配送網路，減少訂貨過程中的紙面工作；採取 ABC 分類法進行庫存管理；更好地協調採購與庫存管理的關係；更密切地進行庫存監控等。

在第三階段，連鎖業將其核心的物資配送和物料管理的功能獨立出來，形成與銷售部、財務部和商品部等平等的專業部門。然而，此階段由於物流部門在與連鎖業其他各部門的關係中，有時是被動地執行職能，因此面對競爭激烈、變化迅速的市場會產生諸多不適應，而且還會產生部門之間的不協調。這說明連鎖業物流管理部門相對獨立和地位提升既是必然的，同時又面臨更大範圍整合的難題。

4. 第四階段的物流組織結構

這種組織結構的目的在於統一連鎖業所有的物流功能和運作，將可操作的許多物流計劃和運作功能歸類於一個權利和責任之下，對所有原材料和製成品的採購、運輸、存儲到用戶發送等實行一體化管理。

在這一階段，物流被看做是具有獨立功能的部門，連鎖業開始有自己的物流經理，所有的物流活動都由物流經理管理。在第四階段，綜合物流戰略雖然還沒有被包括在最高的戰略決策中，但是管理層理解綜合物流在實現企業總目標過程中的重要性，所以綜合物流處於重要的地位，是公司戰略至關重要的投入。其他職能部門的經理也意識到綜合物流的紐帶作用，能夠幫助他們取得持續的競爭優勢。

在第四階段中的綜合物流經理比前幾個階段更加專業化。在這樣的企業環境中，綜合物流經理負責平衡成本與服務、規劃資訊系統、改善各職能部門的合作關係、制定計劃和進行預算、評估成本一服務盈虧平衡點、評估物流績效等工作。為了實現物流目標，物流經理所採用的措施有：協調所有進貨、入庫活動，制定正式的庫存計劃，分析顧客利潤，設定顧客服務目標和評估供應商績效等。

這一階段的物流組織，由於運作的責任領域得到了很好的界定，因此運作單位中的每個單元都有靈活性來適應各自運作領域所要求的關鍵服務。在物資配送、包裝和採購運作之間可進行直接溝通，從而使產品、市場預測、訂貨程序、庫存狀況等在戰略基礎上進行計劃，按確定的要求運作。同時，物流資訊功能的注意力集中在成本和服務績效的測量上，並為高層管理決策提供資訊。

5. 第五階段的物流組織結構

第五階段的物流組織結構應該是矩陣式的。與前述四種組織結構相比，在矩陣式的組織結構中，綜合物流才真正成為服務性的部門。它可以幫助協調從商品採購、商品儲存到商品銷售的整個物流過程。就像法律部門可以為銷售、財務、商品等其他部門提供基本服務一樣，實質上，此時的物流經理已經充當協調者的角色，是連接綜合物流與其他功能的螺栓。只有在總經理全力支援下，矩陣式結構才能發揮作用，因為它是一種團隊工作的方法。由於這種在責任、職權和溝通方面的複雜性，所以要不斷地監控才能確保成功。

在此類組織結構中物流是公司的戰略重點，是綜合計劃的一部份，物流部門以複雜的資訊系統為基礎與其他職能部門共同分享目標。此時的物流還包括建立供應鏈的關係，採用分析工具分析物流系統等，並希望通過努力達到以下目標：共用關鍵資料、改善綜合物流質量、通過系統化繼續降低庫存等。同時不少連鎖業通過具有優勢的物流能力，成為市場競爭中的優勝者。

三、影響物流中心設置的因素

在現實經營管理中，企業設置物流部門要受到各種因素的影響。這些因素對物流部門的設置具有重要作用，主要有以下幾個方面。

1. 企業的狀況

物流部門的設置，應根據企業的具體情況來確定。例如，由於連鎖規模越來越大，分工越來越細，物流業務過程越來越複雜，因此為了提高工作效率，必須按照不同的業務分工設置不同的業務部門。一般來說，規模大、專業化分工細，則業務部門較多；反之，則業務部門較少。這說明連鎖規模和業務分工是設立物流部門的基礎。

2. 劃分物流部門的標準

採用不同的標準來劃分連鎖業的物流部門，可以確定物流部門的類型，有區別地設置各業務部門。例如，按管理職能劃分，可以有物流成本、物流統計等控制與評價部門；按物流業務劃分，有採購、儲運、檢驗等部門；按物流物件劃分，有各種業務經營部門和物流服務部門，等等。

3. 管理層次與管理幅度

一般情況下，連鎖規模大，物流系統的管理層次就可能會增加，物流業務部門就會多；相反，規模小，管理層次就少，物流部門也就相對少一些。與此同時，管理幅度又是決定管理層次的基本因素。因此，在設置物流系統的管理層次時，必須考慮管理幅度的因素。有效管理幅度增大時，管理層次就會減少；相反，管理幅度縮小，管理層次就會增加，物流業務部門也隨之增多。因此，在連鎖業物流機構設置中應強調物流組織形態的扁平化。

4. 集權與分權的程度

集權式物流管理是指所有的物流活動都是由總部控制的，所有的物流決策都是由總部制定、下屬奉命行事的組織形式。分權式物流管理是指總部制定好指導計劃，地區管理部可根據指導計劃結合本地區特點制定出各自具體的實施計劃的物流組織形式。通常，當企業的規模擴大到一定程度時，就要對物流管理進行分權，因為這時物流的控制越來越困難。但是分權後，公司的物流成本可能上升，溝通可能出現混亂。因此，權力的集中與分散的程度，會直接影響連鎖業物流部門的設置。

5. 物流部門與相關部門的關係

在經營活動中，物流部門與營銷部門、財務部門以及其他職能部門的關係十分密切。連鎖業的發展，要求物流部門與相關部門緊密配合、互相協作，為實現企業的總目標而共同努力。因此，必須考慮企業物流部門的設置與相關部門的關係。

6. 物流的外部環境

企業外部環境及其變化對物流部門的設置會產生較大的影響。造成影響的原因一般有：管理體制及改革的情況；國內外物流市場狀況；連鎖業及分支機構的地域分佈以及外部聯繫的情況等。

除上述影響連鎖業物流部門設置的主要因素外，還有其他一些諸如管理者的能力、員工的素質、人們的傳統習慣等因素，同樣會對物流部門的設置帶來不同的影響。企業在進行物流部門設置時，也應予以充分考慮。

四、連鎖業物流中心的職能

連鎖業物流部門是指連鎖業設置的統一管理商品的運輸、保管、包裝、裝卸、搬運和物流資訊等業務的專職部門。現階段，常指物流中心。

連鎖業物流部門的職能是十分明確的。一般來說，物流部門是從全局出發對整個連鎖業的物流活動實行統一協調管理的機構。具體地說，物流部門的職能大體可分為以下 4 個方面。

1. 計劃職能

計劃職能的主要任務有：規劃和改進連鎖業物流系統；制定和完

善物流業務管理規程；根據連鎖業總目標的要求，制定物流部門的經營目標和物流計劃；為實現物流經營目標制定相應的策略和措施等。

2. 協調職能

協調職能的主要任務，一是加強與其他部門的聯繫、交流與溝通，調節物流活動；二是協調、發展與連鎖業各成員用戶以及其他客戶之間的服務關係。

3. 業務營運職能

業務營運職能的主要任務是：組織物流部門各業務環節進行有效的日常業務活動；評價物流工作計劃和任務的執行情況等。

4. 教育培訓職能

教育培訓職能的主要任務，就是定期開展對物流員工的培訓，提高物流員工的綜合素質。

物流部門的上述職能也可以概括為兩大方面，即宏觀職能與微觀職能。宏觀職能是根據連鎖業的經營發展戰略來制定與之相應的物流戰略和物流計劃。微觀職能又包括兩個方面：首先是基本業務職能，即根據連鎖業經營目標高效率地完成物流任務；其次是管理職能，即物流部門要對物流工作進行評估和監督，其中最主要的是成本控制和績效評估等。

五、物流中心人力資源的配置

連鎖業物流部門定型後，應配置合適的管理人員和工作人員，使物流組織有效運行起來。一般說，連鎖業物流業的相關工作可以分為4項：保管作業、行車理貨、行政後勤和資訊管理。

1. 保管作業人員

保管作業人員通常包括進貨人員、出貨人員、退貨人員、揀貨人員、流通加工人員、卸櫃搬貨人員和商品驗收人員等。上述作業人員的工作會在儲運區耗費較多時間用來處理商品。一般而言，為配合日、夜間配送出車及拆櫃卸貨，保管作業通常分為二班或三班制，24小時運作，保管作業人員的工作內容、資格條件和工作時間如下：

⑴工作內容

進、出貨作業，卸貨，倉庫貨物揀取，每日倉庫貨物盤點，貨品的安全維護，流通加工。

⑵工作時間

大多數為正常上班時間，偶爾需配合客戶進出、入貨盤點留作機動。

⑶資格條件

作業人員需高中畢業，管理者人員需大專以上學歷，還需兩年以上倉儲實務經驗，理解物流概念，取得堆垛執照，會操作拖板車。

2. 行車理貨人員

行車理貨人員包括大貨車、小貨車、拖車、連接車駕駛員以及隨車作業人員。行車理貨人員代表企業，猶如一面鏡子，反映出企業的物流服務品質，影響企業聲譽，所以他們的服裝儀容、態度修養和專業水準都會給客戶留下深刻的印象。他們的工作內容、資格條件和工作時間如下：

⑴工作內容

駕駛車輛或隨車執行配送貨物等相關作業。

⑵工作時間

上班時間因出貨量的多少變動。

⑶資格條件

高中以上學歷，理解物流概念，會操作堆垛機、拖板車，具有駕駛執照，兩年以上駕駛實務經驗，品行端正，且勤勞肯學習者。

3. 行政後勤人員

物流部門的行政後勤人員，主要包括行政管理、車輛保養和財務會計以及賬務處理等人員，他們的作業情況如下：

· 行政管理人員

⑴工作內容

辦理公司勞保、醫保業務；人事資料的登錄、整理、更新與統計工作；檔的公告與歸檔；文書收發、處理、檔案管理；員工薪資的核對；電話、信件處理；公司文具購置；財產管理、維修；繳納各種稅捐、水電費；員工制服的採購與發放。

⑵工作時間

正常上班時間。

⑶資格條件

良好溝通能力，品德佳，有汽車等機動車駕駛執照。

·車輛保養人員

⑴工作內容

車輛保養；車輛噴漆；領牌驗車；保養費填寫與校對。

⑵工作時間

正常上班時間。

⑶資格條件

簡易修車技術。

·財務會計人員

⑴工作內容

與銀行業務接洽事項；薪資核算處理；會計決算、申報；製作每月資產負債表及損益表；開立應付票據；申報各項所得；成本會計登賬；一般會計賬登賬，應收賬款的收款及結轉；出納業務。

⑵工作時間

正常上班時間。

⑶資格條件

具備會計基礎，會操作電腦統計軟體。

·賬務處理人員

⑴工作內容

配送、入庫、運輸賬務處理；客戶單據的核對、評估、簽收與運費計算；倉租、卸櫃、流通加工、理貨費賬務處理。

⑵工作時間

正常上班時間。

⑶資格條件

熟悉電腦文書處理，具有會計基礎。

4. 資訊管理人員

掌握實效就能掌握商機，物流業打的是速度戰。目前商品價格變動迅速，今天就需要對昨天的市場訊息進行全面分析，隨時推出促銷活動。資訊化在物流中心扮演的角色越來越重要。

目前零售店都在儘量減少庫存，靠資訊化掌握進貨的時效。同時物流中心庫存量及種類都需恰當的設置，才能避免投入過多的資金。因此物流中心所需的資訊人員不僅包括程序開發設計、維修，更需要分析與處理資訊的人員。資訊管理人員情況如下所示：

·系統分析師

⑴工作內容

設計電腦作業流程；設計代碼；建立系統測試規範標準；驗收作業系統程序；進行系統評估與改進工作；撰寫操作手冊；執行有關業務的教育訓練工作。

⑵工作時間

正常上班時間。

⑶資格條件

系統分析與設計、程序設計與網路相關知識。

·程序設計師

⑴工作內容

程序設計；程序有關檔處理；協助系統分析處理有關系統業務；準備測試資料；測試、修改、維護及保管程序；系統的維護、改進工作；操作命令的執行。

⑵工作時間

正常上班時間。

⑶資格條件

程序系統設計知識。

·系統程序師

⑴工作內容

操作規程系統的建立與更換；操作員的訓練；系統程序的維護與管理；協助系統分析師、程序設計解決機器及程序有關的問題；網路通信系統的建立、維護及管理。

⑵工作時間

正常上班時間。

⑶資格條件

程序設計系統分析知識。

·操作管理師

⑴工作內容：

準備機房作業用品；列印與整理報表；電腦器材的申請、管理、保養；待修電腦設備的送修處理；存檔媒體的管理；協助系統程序師處理有關業務。

⑵工作時間

正常上班時間。

⑶資格條件

軟體和程序實踐經驗、系統分析與硬體維修經驗。

·資料管理師

⑴工作內容

安排作業日程，協調應用系統作業時間；收集整理資料，並登錄、核對原始數據相關資料；查驗報表；統計分析作業狀況，隨時檢查與改進。

⑵工作時間

正常上班時間。

⑶資格條件

文件處理、文件管理與分類

·行政管理師

⑴工作內容

申請預算；操作使用手冊的製作與印發；安排電腦化會議有關事項；籌建資訊中心，舉行業務研討會；協助資料管理師處理有關業務。

⑵工作時間

正常上班時間。

⑶資格條件

文書處理、文件管理與分發。

心得欄 --

第七章

物流中心的進貨作業

一、進貨作業流程

物流中心的收貨工作，是商品從生產領域進入流通領域的第一步。基本的環節包括商品從貨運卡車上卸貨、點數、分類、驗收，並搬運作業，最終將商品從卸貨地點送到存儲地點。

1. 收貨操作流程和要求

⑴當供應商的送貨卡車停放在收貨站台時，收貨員「接單」，對於沒有預報的商品，需辦理有關手續後方可收貨。

⑵卸貨核對驗收，驗收商品條碼、件數、質量、包裝等。

⑶在核對單貨相符的基礎上簽名，在收貨基礎聯上蓋章並簽註日期；對於一份收貨單的商品分批送貨的，應將每批收貨件數記入收貨檢查聯，待整份單據的商品件數收齊後，方可蓋章回單給送貨車輛帶回。

為識別貨品而使用的編號標識可貼於容器、零件、產品或儲位上，讓作業員很容易地獲得資訊。一般來說，容器及儲位的編號標識是以特定使用為目的，應能被永久保留；而零件或產品上標識則彈性地增加物件號碼，甚至製造日期、使用期限，以方便出貨的選擇，如先進先出等。

圖 7-1　進貨主要作業流程圖

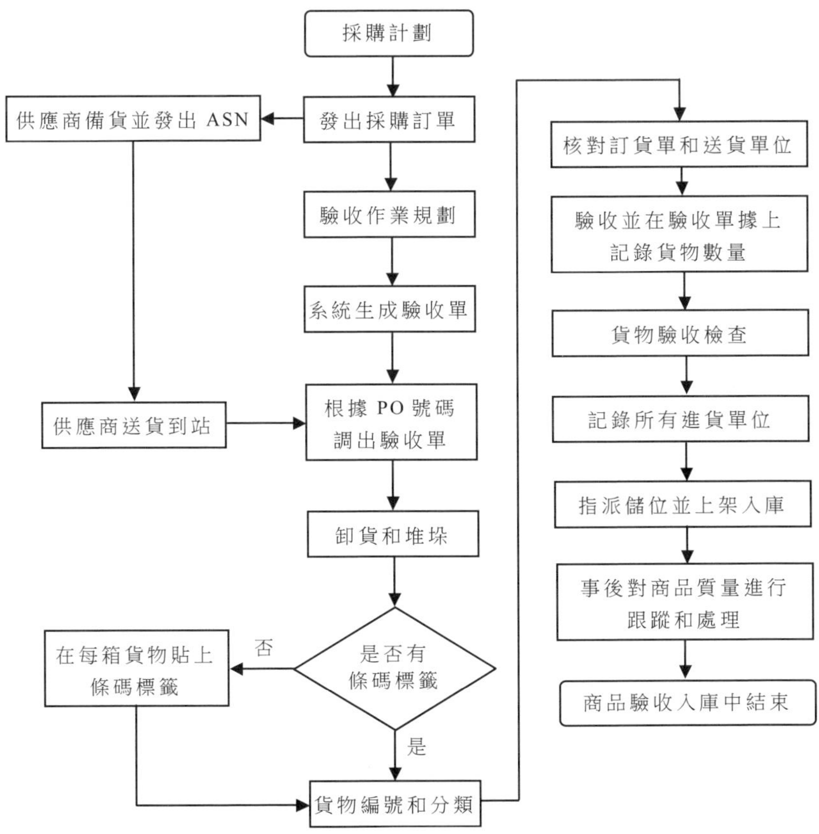

採購計劃
發出採購訂單
供應商備貨並發出 ASN
驗收作業規劃
系統生成驗收單
供應商送貨到站
根據 PO 號碼調出驗收單
卸貨和堆垛
是否有條碼標籤
否
在每箱貨物貼上條碼標籤
是
貨物編號和分類
核對訂貨單和送貨單位
驗收並在驗收單據上記錄貨物數量
貨物驗收檢查
記錄所有進貨單位
指派儲位並上架入庫
事後對商品質量進行跟蹤和處理
商品驗收入庫中結束

表 7-1 採購訂貨單

採購訂貨單

訂單編號：

公司名稱：　　　　供應商編碼：

訂貨日期：　　　　供應商名稱：

交貨日期：　　　　供應商地址：

交貨地點：　　　　聯繫電話：　　　　FAX：

採購員：

商品編碼	供應商編碼	商品描述	SKU條碼	採購單位	規格	訂貨數量	單價	金額合計	需求商店	是否越庫
金額合計										

注意事項：

(1)按規定時間和規定的商品規格數量送貨；

(2)收貨時間：每天 8：00～18：00；

(3)供應商送貨單據請按本單據順序制單；

(4)價格變更請事先與採購部確認；

(5)先確認處理退貨後收貨；

(6)無標準條碼商品，應事先貼好商品編碼標籤；

(7)贈品應事先捆綁並與商品通行；

(8)《驗收入庫單》作結算憑證切勿遺失。

2. 進貨標識應用

(1)託盤及外包裝箱標籤

進貨商品依電腦指示發行託盤標籤及箱標籤。

表 7-2　託盤標籤和外包裝箱標籤說明

託盤標籤	外包裝箱標籤
□託盤識別碼	□揀取位置
□託盤每一層的堆積箱數與層數、總個數	□商品碼
□存儲的位址（包括揀取的位址及保留的位址）	□商品名
□製造商的碼號	□店碼
	□送貨日
	□銷售價格
	□分類用條碼（採用訂單揀取者不必印刷此項）

託盤標籤內容

託盤 ID 號碼：__________
訂單號碼：__________ 驗收單位號碼：__________
SKU 條碼：__________
包裝規格：__________ 包裝箱尺寸：__________
箱數/託盤：__________商品名稱：__________
每層箱數×層數+頂層箱數
存儲單位：__________ 揀選儲位：__________
驗收入庫日期：__________商品保質期：__________

⑵防止損失的標籤作業

在進貨資料輸入電腦的同時印出 4 張標籤，將其中 3 張貼在貨品上與貨品一同移動，另一張於存儲上架時記錄商品放置區及貨架號碼後帶回輸入電腦確認；而剩餘 3 張可視作業需要取用或查詢，如此可減少出入庫作業的疏失。

·商品堆垛的要求：

商品的堆垛一定要保證商品安全，規範化操作。

·在商品碼託盤時應注意：

商品標誌必須朝上，商品擺放不超過託盤寬度，商品每板高度不得超過規定的高度，商品重量不得超過託盤規定的載重量。託盤上的商品儘量堆放平穩，便於向高堆放。每盤商品件數必須標明，上端用行李鬆緊帶捆紮牢固，防止跌落。

二、使用條碼的收貨作業

大多數行業都有條碼標準，大型的連鎖零售商普遍接受了 UCC 條碼。如果供應商的產品沒有條碼，在簽訂交易合約時應要求供應商添加標準條碼。

收貨作業是零售商倉庫的最重要的作業之一，其範圍定義在收貨碼頭的收貨作業和輸入系統。在該過程中，可使用條碼電腦輔助作業流程。

圖 7-2　使用條碼電腦輔助驗收流程

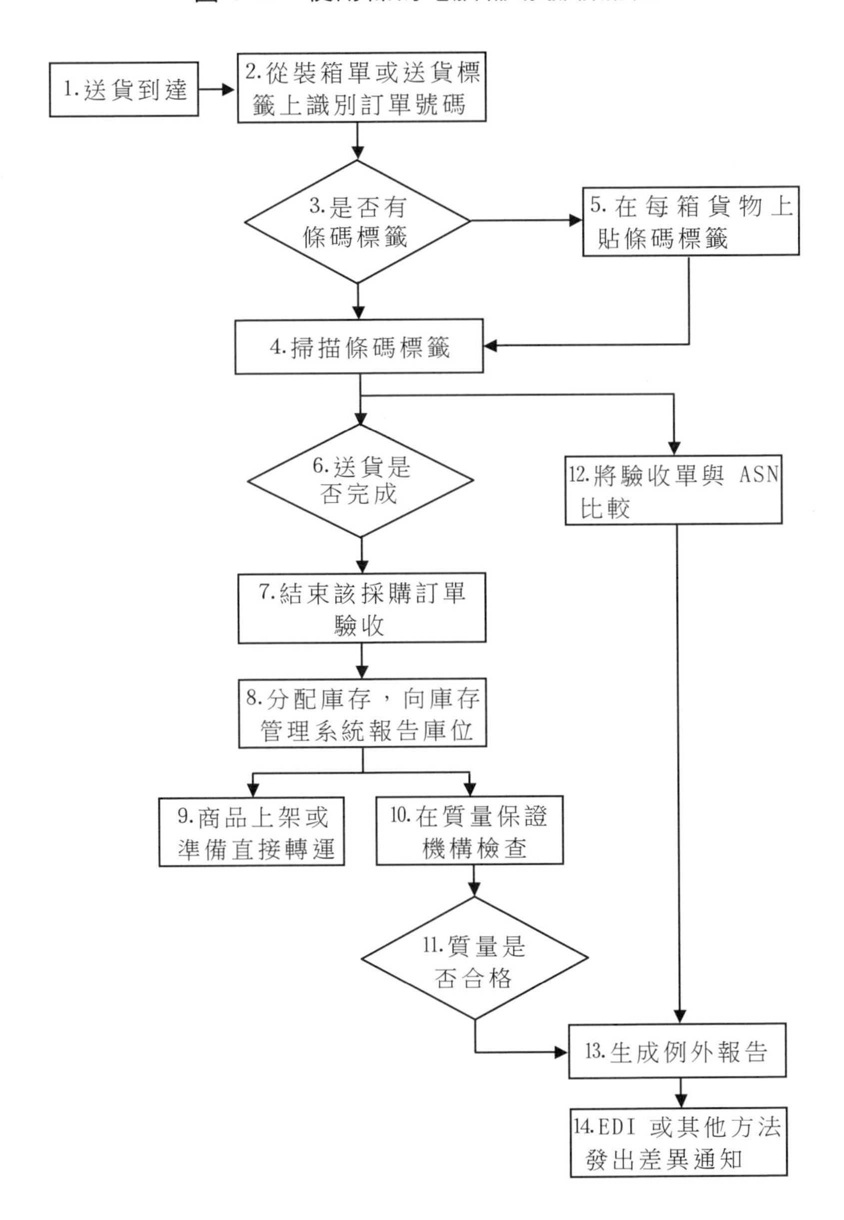

表 7-3　手工收貨作業流程及缺點

手工收貨作業流程	手工收貨作業的缺點
□識別該批送貨對應的 PO(採購訂單) □識別 PO 上的品種與貨物的品種對應關係 □將混裝的品種分類排序，以便識別驗收 □標記品種和數量的差異 □非指定品種 □標註破損商品 □標註批次號碼 □遞交給數據登錄員，輸入品種、數量、欠貨和破損	□作業效率較低，增加供應商和企業自身的作業成本 □影響後續的倉庫作業與銷售作業的效率和準確率 □影響庫存準確率 □由於需使用素質較高的員工，人員成本較高

表 7-4　條碼電腦輔助作業流程及優點

條碼電腦輔助驗收流程	條碼電腦輔助驗收作業的優點
⑴識別送貨：如果訂單編碼使用條碼標識，可以直接掃描條碼或輸入編碼，檢查是否與包裝相符 ⑵掃描單據訂單條碼，如果無條碼，記錄並與供應商商議。如果掃描商品條碼後清點數量，無須將人工訂單與送貨單對照，系統會自動檢查，並列印商品驗收差異清單	⑴精確度：使用條碼可以避免在驗收碼頭和其他地方的數據重覆輸入 ⑵即時性：通過使用條碼，你可以在收貨碼頭完成處理時即時更新庫存，使之立即可以出貨和銷售
⑶若商品無條碼，須列印條碼標籤 選擇 1：如果收貨現場有印表機，倉庫作業員可以立即列印商品編號條碼，並將每個品種貼上條碼標籤 選擇 2：如果收貨現場沒有印表機，可以在開訂購單時生成條碼，集成條碼印表機可以避免任何產品資訊的輸入 ⑷無論在何種情況下，只要有標籤剩餘，表示送貨數量不足；如果標籤不足，表示送貨數量超出標準。作業者可以用掃描條碼的方式通知系統	⑶支援越庫轉運和顧客緊急訂單，在特殊的情況下，可將正在驗收的商品直接送往顧客手中，而避免品種的錯誤識別和運輸差異 ⑷減少鍵盤輸入次數，減少單據處理人員的數量

三、貨品驗收檢查

貨品的驗收主要是對商品數量、質量和包裝的驗收，即檢查入庫商品數量是否與訂單資料或其他憑證相符合，規格、型號有無差異，商品質量是否符合規定的要求，物流包裝能否保證商品儲運和運輸的安全，銷售包裝是否符合要求。

實際驗收包括「品質檢驗」和「數量驗收」雙重任務。驗收工作的進行，有三種不同的情形：第一種情形是先行點收數量，再由質量檢驗部門辦理質量檢驗；第二種情形是先由質量檢驗部門檢驗品質，認為完全合格後，再由倉儲部門辦理收貨手續，填寫收貨單；第三種情況是由倉儲部門直接負責「品質檢驗」和「數量驗收」。

1. 貨品驗收的標準

驗收即確認貨品符合預定的標準。基本上驗收貨品時，可根據下列幾項標準進行：

⑴採購合約或訂購單所規定的條件。

⑵採購談判時的合格樣品。

⑶採購合約中的規格或者圖解。

⑷各種產品的國家品質標準。

2. 確定抽檢比例的依據

物流中心的驗收工作繁忙，商品連續到貨，而且品種、規格較為複雜，在有限的時間內不可能逐件檢查。因此，需要確定一定的抽查比例。抽查比例的大小可以根據商品的特性、價值、供應商信譽和物流環境等因素決定。

⑴商品的物理化學性能：對物理化學性能不穩定的商品應加大抽檢比例。

⑵商品價值的大小：對貴重商品應加大抽檢比例。

⑶生產技術和品牌信譽：品牌信譽較好的商品抽檢比例較小。

⑷物流環境：包括儲運過程的氣候、地理環境和運輸包裝條件等。

⑸散裝商品的驗收：散裝稱重商品必須全部通過計量，計件商品必須全部檢查質量和核查數量。

- 在品質檢驗方面，包括物理試驗、化學分析及外形檢查等。
- 數量的點收方面，除核對貨品號碼外，還可依據採購合約規定的單位，用度量衡工具，逐一衡量其長短、大小和輕重。

3. 驗收差異的作業處理

一個超市連鎖業大約與1000家供應商交易，由於各種因素造成各種商品和驗收作業的差異。由於涉及雙方的交易合約，採購人員和驗收人員需要花大量的時間解決相關的差異問題，耗費了大量的人力。

一旦驗收不合格，則有可能採取退貨、維修或尋求折讓的方式處理，因此連鎖業有必要制定相關驗收作業規則，以便有效地解決各種問題的決策依據。具體如下表：

表 7-5 商品驗收作業常見問題處理

常見問題處理	數量溢餘	數量短缺	品質不合格	包裝不合格	規格不合格	單據與實物不符
通知供應商	☆	☆			☆	☆
按實數簽收		☆				
維修整理			☆	☆		
查詢等候處理	☆				☆	☆
改單簽收	☆				☆	☆
拒絕簽收	☆		☆	☆	☆	☆
退單、退貨	☆		☆	☆	☆	☆

4.貨品驗收的作業內容

⑴質量驗收

物流中心對入庫商品進行質量檢驗的目的是查明入庫商品的質量情況，發現問題，分清責任，確保入庫商品符合訂貨要求。質量檢驗有感官核對總和儀器檢驗等方法。

· 感官檢查：利用視覺、聽覺、觸覺、嗅覺和味覺對商品質量進行檢驗，主要受作業員的經驗、作業環境和生理狀態等因素影響。

· 儀器檢查：利用試劑、儀器和設備對商品規格、成分、技術標準等進行物理和生化分析。

⑵包裝檢驗

包裝檢驗是商品入庫的後續作業，目的是保證商品正常的儲運條件。包裝檢驗的主要驗收標準有：國家頒佈的包裝標準，購銷合約和訂單對包裝規格的要求。具體作業內容如下：

· 包裝是否安全。要從包裝材料、包裝外形和包裝技術等方面進行檢驗。例如：檢查紙板的厚度和卡具、索具的牢固程度，紙箱的釘距、內襯底和外封口的嚴密性；檢查包裝是否有變形、水濕、油污、發黴、蟲害和商品外露等情況。
· 包裝標誌和標識是否符合標準。商品標識主要用於 識別商品，提高作業的效率和正確性。
· 包裝材料的質量狀況。主要檢查包裝材料的質量對商品保護和商品質量在理化方面的影響。

⑶數量驗收

入庫商品按不同供應商或不同類型初步整理查點大數後，必須依據訂貨單和送貨單的商品名稱、規格、包裝細數等對商品數量進行驗收，以確保準確無誤。

商品數量驗收方法如下：

· 標記記件法——在大批量商品入庫時，對每一定件數的商品作標記；待全部清點完畢後，再按標記計算總數。
· 分批清點——包裝規則、批量不大的商品入庫時，將商品按每行、列、層堆碼，每行、列、層堆碼件數相同，清點完畢後統一計算。
· 定額裝載——主要用來清點包裝規則、批量大的商品，可以用託盤、平板車和其他裝載工具實行定額裝載，最後計算入庫數量。

5. 驗收入庫商品的資訊處理

表 7-6　驗收入庫單

<table>
<tr><td colspan="9">驗收入庫單

編號：</td></tr>
<tr><td colspan="2">供應商</td><td></td><td>採購
訂單號</td><td colspan="2"></td><td>驗收員</td><td colspan="2"></td></tr>
<tr><td colspan="2">供應商
編碼</td><td></td><td>採購員</td><td colspan="2"></td><td>驗收
日期</td><td colspan="2"></td></tr>
<tr><td colspan="2" rowspan="2">送貨
單號</td><td rowspan="2"></td><td>到貨日期</td><td colspan="2"></td><td>覆核員</td><td colspan="2"></td></tr>
<tr><td>發貨日期</td><td colspan="2"></td><td>覆核日期</td><td colspan="2"></td></tr>
<tr><td>序號</td><td>儲位號碼</td><td>商品
名稱</td><td>商品規格
型號</td><td>商品
編碼</td><td>包裝
單位</td><td>應收
數量</td><td>實收
數量</td><td>備註</td></tr>
<tr><td></td><td></td><td></td><td></td><td></td><td></td><td></td><td></td><td></td></tr>
<tr><td></td><td></td><td></td><td></td><td></td><td></td><td></td><td></td><td></td></tr>
<tr><td></td><td></td><td></td><td></td><td></td><td></td><td></td><td></td><td></td></tr>
<tr><td colspan="4">倉管員：</td><td colspan="5">供應商代表：</td></tr>
</table>

在完成商品驗收後，在暫存區分類，然後由作業人員入庫上架，並在記錄存放儲位編號後交系統輸入處理，這樣，商品實物庫存就會在系統生成系統庫存，列印驗收入庫單後才最終完成進貨作業。

四、收貨作業系統的設計原則

為了安全有效率地卸貨，迅速準確地收貨，進貨計劃和資訊系統規劃遵循以下原則：

⑴多利用配送車司機來卸貨，以減輕公司作業員負擔及避免卸貨作業的拖延。

⑵依據相關性原則，儘量將作業活動集中，以節省必要空間，並使步行距離最小化。

⑶制定送貨時間表，以平衡停泊碼頭的車流，避免高峰時段的堵塞。

⑷碼頭月台至儲區作業活動儘量保持直線。

⑸使驗收平台和車輛高度一致，以便使用單元裝載和碼頭設備。

⑹在高峰時間集中安排人力，使貨品能正常迅速地移動。

⑺使用通用流通容器和工具（例如託盤和週轉箱），避免中間的容器轉換。

⑻儘量及時輸入進貨資料。

⑼為小量頻繁送貨設置設施。

表 7-7　進貨作業因素說明

進貨作業要素	說明
進貨商品及供應商總數	一日內的供應商數（平均，最多）
商品種類與數量	一日內的進貨品項數（平均，最多）
進貨車型與車輛台數	車數/日（平均，最多）
每車的平均進貨時間	
商品的形狀、特性	散貨、單元的尺寸及重量
人員安排	進貨作業所需人員數（平均，最多）
商品形態	包裝形態
	是否具危險性
	託盤疊卸的可能性
	人工搬運或機械搬運
	產品的保存期限
存儲方式	配合存儲作業的處理方式

一般物流中心有託盤、箱子、小包裝三種存儲作業方式。同樣的，卡車進貨也通過這三種形式與存儲作業連接起來。可分以下三種狀況來說明，如表 7-8 所示：

表 7-8　貨品單位轉換說明

貨品單位轉換	作業方式
進貨與存儲都是同樣形式的單位	進貨以輸送機或堆高機直接將貨品運至存儲區
存儲以小包為單位，但進貨以託盤、箱子為單位	必須在進貨點即做卸棧或拆裝的動作，以自動託盤卸貨機拆卸託盤上的貨物，再拆箱將小包放在輸送機上
存儲以託盤為單位，但進貨以小包或箱子為單位；或存儲以箱子為單位，但進貨以小包為單位	小包裝或箱子必須先堆疊於託盤上或將小包先裝入箱子後再存儲

要確實做好收貨管理，必須制定收貨管理標準，作為員工驗收作業的標準。進貨管理標準應包含以下內容：

⑴訂購量計算標準書。

⑵有關訂購手續的標準。

⑶進貨日期管理。

⑷有關訂購取消及補償手續。

⑸作為進貨貨款結算的採購訂單和驗收入庫單。

五、進貨作業的質量控制方法

由於進貨作業的環節較多，涉及的各類崗位人員較多，如果發生作業差異，不但影響供應商的結算，而且影響庫存的準確率和後續作業的正常進行。因此，對每個作業環節進行交接和記錄，對保證作業的正確性有重要意義。

表 7-9　進貨作業交接單

進貨作業交接單															
序號	PO號碼	供應商名稱	收貨員	託盤數	箱數	SKU數	上架時間	堆高機手	放貨員	入庫單編號	輸單時間	輸單員	財務交接時間	財務簽收人	備註

對進貨作業差異記錄的主要目的是監督作業質量和明確責任，以提高員工的作業素質和促進不斷改善。

表 7-10　進貨作業差異記錄表

進貨作業差異記錄表												
PO號	供應商名稱	收貨倉管員	錯誤類型	SKU數量	上架作業員	錯誤類型	SKU數量	單據輸入員	錯誤類型	驗貨人簽名	收貨主管簽名	備註
倉管員錯誤類型：M-放錯倉位；N-打錯倉位；O-寫借倉位；P-錯放條碼；Q-錯收貨；R-單打錯；S-入庫數量錯；T-其他												
輸入員錯誤類型：												
上架錯誤：												

第八章

物流中心的儲位管理

物流中心存儲作業最重要的功能在於補充揀貨作業區的商品存量。儲位管理的重點也從靜態存儲作業的「保管」向配送作業的「動管」轉移。由於區域零售點較多，且零售品項多，季節變化較大，各品項的出貨頻率差別較大，因此以 ABC 分類規定不同的揀貨作業方式，並按作業區域分別進行儲位管理。儲位管理最主要目的就是，通過一系列相關的「存」與「取」的作業，支持揀貨作業和配送作業。

一、儲位管理的基本原則

1. 儲位分區規劃標識明確

存儲區域詳細規劃分區，並加以編號標識，讓每一項貨品均有位置可以儲放。每個經過儲位編碼的儲位必須是惟一的和邊界分明的，儲位規則必須具有一貫性和穩定性。

2. 有效的儲位指定方式

根據貨品保管方式，確定合適的存儲單位、存儲策略、指派法則與其他需要考慮的要素，把貨品有效地放置在先前所規劃的儲位上。儲位指定方式可以分為手工和系統自動指定。

3. 異動要確實登錄

儲位維護的目的是維持實物與帳面的一致性。不管是因為揀貨取出貨品，或者產品汰舊換新，或是其他作業導致的貨品移動、位置或數量變化，都必須確實記錄，以使帳面與實物匹配。儲位變更手續煩瑣，是儲位管理最困難的部份，也是目前各物流中心儲位管理作業成敗的關鍵所在。

4. 明確儲位管理的對象

在連鎖業的物流中心中，儲位管理對象包括商品和其他材料。

二、儲位管理的範圍

在物流中心的所有作業中，所使用的保管區域均屬於儲位管理的範圍，因作業方式的不同而有下列四類保管區域的定義與區分：預備儲區、保管儲區、動管儲區、移動儲區。

圖 8-1　儲位管理範圍示意圖

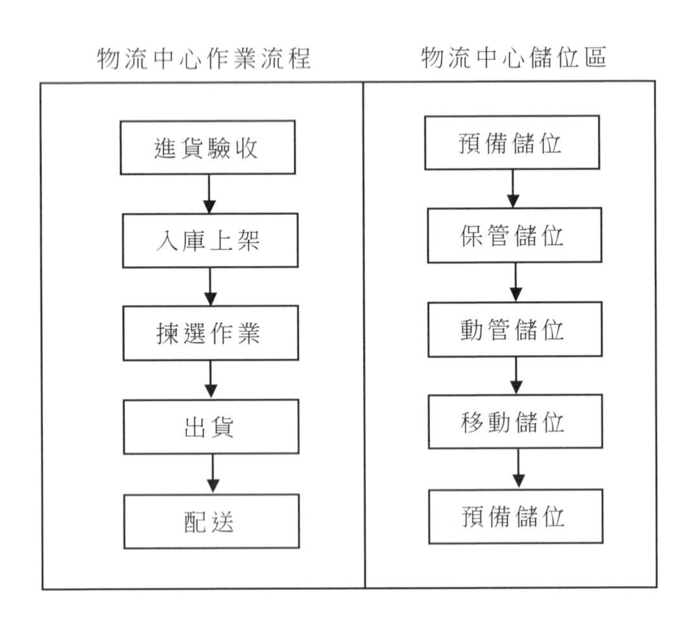

三、儲位管理的設置重點

(1)按照貨品特性來分類存儲。

(2)大批量使用大儲區，小批量使用小儲區。

(3)能安全有效地儲存於高位的物品使用高儲區。

(4)存儲重、體積大的品項存儲在堅固的層架底層及接近出貨區。

(5)盡可能將相同或相似的貨品靠近儲放。

(6)滯銷貨品或小、輕及容易處理的品項使用較遠儲區。

(7)週轉率低的物品遠離進貨、出貨區，或存放於倉庫較高的區域。

(8)週轉率高的物品存儲於接近出貨區及較低的區域。

⑼服務設施應選在低層樓區。

四、儲位管理的分配原則

存儲策略是儲區規劃的大原則，因而還必須配合儲位分配原則才能決定存儲作業運作的模式。可歸納出如下幾項：

表 8-1　儲位分配原則說明表

商品存儲保管基本原則	說　明
⑴近出口法則	將剛到達的商品指派到離出入口最近的空儲位上。可與定位儲放策略、分類(隨機)儲放策略相配合
⑵週轉率法則	按照商品在倉庫的週轉率來排列儲位。依照定位或分類存儲法的原則，週轉率越高離出入口越近，週轉率越小離出入口越遠
⑶產品相關性法則	經常被同時訂購的商品應盡可能存放在相鄰位置，以縮短揀取行走距離。產品相關性大小可以利用歷史訂單數據做分析
⑷產品同一性法則	指同一物品於同一儲位存儲。這是提高物流中心作業生產力的重點作業原則。當同一商品散佈於多個儲位時，儲放、揀選作業等會造成浪費，同時影響庫存管理和循環盤點等業務
⑸產品類似性法則	將類似商品相鄰保管的原則
⑹產品互補性法則	互補性高的物品應存放於鄰近位置，以便缺貨時可迅速以另一商品替代
⑺產品相容性法則	相容性低的產品絕不可放置一起，以免損害品質，如煙、香皂、茶便不可放在一起
⑻先進先出法則	是指先入庫的商品先出庫。一般適用於保質期較短的商品。例如：感光紙、軟片、食品等

續表

(9)疊高法則	將物品疊高，提高保管效率。注意：如果一定要滿足先進先出等庫存管理限制條件時，應考慮使用合適的貨架或積層架等保管設備，以使疊高原 則不至於影響出貨效率
(10)面對通道法則	貨物面對通路來保管，加上可識別的標號、名稱，讓作業員能簡單地辨識。為了使物品的存儲、取出能夠容易且有效率地進行，物品就必須要面對通道來保管
(11)產品尺寸法則	同時考慮物品單位大小及相同的一群物品所造成的整批形狀，以便供應適當的空間滿足某一特定需要。所以在存儲物品時，必須要有不同大小位置的變化，用以容納不同大小規格的物品
(12)重量特性法則	按照物品重量的不同來決定儲放商品的保管位置高低。重物應保管於地面上或貨架的下層位置，而重量輕的物品則保管於貨架的上層位置。若是以人手進行搬運作業時，人的腰部以下的高度用於保管重物或大型物品，而腰部以上的高度則用來保管重量輕的物品或小型物品。此原則對貨架存儲的安全性及人手搬運的作業性有重要意義
(13)產品特性法則	考慮物品的物理特性來安排存儲的原則。有關貨品特性的基本存儲方法： 易燃物的存儲：須在具有高度防護作用的建築物內安裝適當防火設備的空間，最好獨立區隔放置 易被竊物品的存儲：須裝在加鎖的籠子、箱、櫃或房間內 易腐品的存儲：要存儲在冷凍、冷藏或其他特殊設備內，且有專人作業與保管 易汙損品的存儲：可使用帆布套等覆蓋
(14)儲位表示法則	對保管物品的位置進行明確表示的法則
(15)儲位明確標識原則	指利用視覺，使保管場所及保管商品能夠被容易地識別的法則，例如顏色看板，標示符號

當進貨口與出貨口不相鄰時，可根據進、出貨次數來做存貨空間的調整。下表為八種貨品進出倉庫的情況。當出入口分別在倉庫有兩端時，可依照貨品進倉及出倉的次數比率指定其存儲位置。

表 8-2　八種貨品進出倉庫的情況

產品	進貨量	進倉次數	出貨批量	出倉次數	進倉次數/出倉次數
A	40 託盤	40	1.0 託盤	40	1.0
B	200 箱	67	3.0 箱	67	1.0
C	1000 箱	250	8.0 箱	125	2.0
D	30 託盤	30	0.37 託盤	42	0.7
E	10 託盤	10	0.1 託盤	100	0.1
F	100 託盤	100	0.4 託盤	250	0.4
G	800 箱	200	2.0 箱	400	0.5
H	1000 箱	250	4.0 箱	250	1.0

五、物流中心的儲位策略

表 8-3 儲位策略說明表

(1)定位儲放	說明	每一項存儲貨品都有固定儲位，且不能互用儲位，因此規劃每一項貨品的儲位容量不得小於其最大庫存量。定位儲放容易管理，能縮短搬運行走時間，但存儲空間利用率較低。
	優點	每種貨品都有固定儲放位置，揀貨人員容易熟悉貨品儲位； 貨品的儲位可按週轉率大小或出貨頻率來安排，以縮短出入庫搬運距離； 可針對各種貨品的特性作儲位安排，減少不同貨品之間的相互影響。
	缺點	儲位必須按各項貨品的最大在庫量設計，因此儲區空間平時的使用效率較低。
	適用	廠房空間大，多種少量商品的儲放。
(2)隨機儲放	說明	每一個貨品被指派存儲的位置都是隨機產生的，而且可經常改變，任何品項可以被存放在任何可利用的位置。可節省 35%的移動存儲時間及增加 30%的存儲空間，但較不利於貨品的揀取作業。
	優點	隨機存儲能使貨架空間得到最有效的利用，可減少儲位數目由於儲位共用，因此只需按所有庫存貨品的平均庫存量設計，儲區空間的使用效率較高。
	缺點	貨品的出入庫管理及盤點工作的困難度較高； 週轉率高的貨品可能被儲放在離出入口較遠的位置，增加了出入庫的搬運距離； 具有相互影響特性的貨品可能相鄰儲放，造成對貨品的傷害或發生危險。
	適用	廠房空間有限，要求儘量利用存儲空間； 貨品種類少或體積較大。

續表

(3)分類儲放	說明	所有的存儲貨品按照一定特性加以分類，每一類貨品都有固定存放的位置。 分類儲放通常按：產品相關性；流動性；產品尺寸、重量；產品特性。
	優點	便於暢銷品的存取，具有定位儲放的各項優點； 各分類的存儲區域可根據貨品特性再作設計，有助於貨品的存儲管理。
	缺點	儲位必須按各項貨品最大在庫量設計，因此儲區空間的平均使用效率低。
	適用	產品相關性大、經常被同時訂購 產品週轉率差別大 產品尺寸相差大
(4)分類隨機儲放	說明	每一類貨品有固定存放位置，但在各類儲區內，每個儲位的指派是隨機的。
	優點	具備分類儲放的部份優點，又可節省儲位數量，提高儲區利用率。
	缺點	貨物出入庫管理及盤點工作的進行困難度較高。
	適用	品種數多，倉庫面積相對不足。
(5)共用儲放	說明	在確定各貨品進出倉庫時間的情況下，不同的貨品可共用相同儲位的方式稱為共用儲放。
	優點	節省空間，縮短搬運時間。
	缺點	管理上比較複雜。
	適用	品種數較少，快速流轉的貨品。

六、暫存區與保管區的儲位管理

1. 暫存區域的使用

在進貨和出貨作業時所使用的暫存區。在進出貨時，貨品在此暫時存放並預備進入下個作業區域，雖然貨品停留在此區域的時間並不長，但若不嚴格管理，就特別容易導致儲位管理的混亂。

貨品放在此區域中不但須保證品質，而且要有效地對作業區域進行標識，分批、分類和隔離定位，以方便作業。暫存區的管理以標示、隔離、定位為方針，以整理整頓為處理過程，配合目視管理與顏色管理。

表 8-4 進貨暫存區歸類表

存儲區顏色	商品分類	商品品項	看板標籤（看板參考標籤）	貨物標籤（暫存區擺放識別標籤）
紅色	A 類	貨物 A 貨物 B 貨物 C	A 類	類別:A 類 貨物名稱: 存儲區域:紅色
綠色	B 類	貨物 D 貨物 E 貨物 F	B 類	類別:B 類 貨物名稱: 存儲區域:綠色
黃色	C 類	貨物 G	C 類	類別:C 類 貨物名稱: 存儲區域:黃色

· 以進貨暫存區而言，在貨品進入暫存區前先行分類，暫存區域也先行標示區分，並且配合看板記錄，把貨品依分類或入庫上架順序，配置到預先規劃好的儲位。

· 以出貨暫存區而言，每一車或每一區域路線的配送貨品必須排放整齊並且加以區隔分離，安置在事先標示區分好的儲位上，再配合看板上的標示，並按出貨單上所列順序點收上車。

2. 保管區域的使用

在入庫作業時所使用的保管區域中，貨品大多以中長期狀態進行保管。一般物流中心均以此區域為最大且最主要的保管區域，貨品在此區域均以較大的存儲單位進行保管，是整個物流中心庫存管理的重點。

⑴保管儲區規劃要點

①地面負荷：建築前應顧及存儲的需求總量，儲區的地面狀況與負荷不可超過最大負荷限度。

②貨品狀況：儲區貨架所存儲貨品的種類與數量，必須按照大小、尺寸、形狀及重量來設計存儲方式，最好能採用可彈性調撥的方式存儲。

③出入口：出入口的大小、位置及數目應能使貨品順利進行存儲作業及搬運作業。

④通道設計：為配合搬運設備的移動，通道應以運輸工具最大轉彎半徑或貨品寬度來設定，通道與存儲區應以顏色標示清楚。

⑤其他：消防設備的位置應盡可能明顯。非存儲的空間，如辦公室、盥洗室等面積應減至最低限度，而照明則宜分設開關控制以節省用電，但仍以便利為原則。

⑵保管區作業要點

①待驗與驗妥的貨品應在預備存儲時已劃分清楚，保管區內僅存放驗妥的貨品。

②盤點作業應在各儲區中分別進行，其中以保管區內種類最多，作業也最複雜，故應多考慮便利性。

③由於物流中心內貨品品項繁多，且大小不一，故儲位及儲架位置應視情況適時調整。

表 8-5　保管區整理、整頓檢查表

作業內容		是/否
整理	⑴存儲貨架或空間應妥善規劃，避免浪費	
	⑵整理出倉庫的呆滯品，設定標準，另外擺放和標示	
	⑶確定報廢處理辦法，指定權責單位	
	⑷退貨品應設定退貨期限，避免大量積壓	
	⑸不能使用的量具、搬運工具、貨架、容器應立即處理	
	⑹定期整理過期的文件、報表、資料	
整頓	⑴應以顏色貼紙（要區分月份）貼在所裝容器上，以利先進先出作業的執行	
	⑵定期檢視貨品是否庫存過久，並加以處理	
	⑶貨架放置場所的標示是否清楚	
	⑷儲位上的標示是否有損毀掉落	
	⑸貨品放置位置是否正確	
	⑹定期檢討庫存資料	

④強調快速準確地提供客戶滿意的配送服務。以配送效率而言，保管員應依據《入庫單》迅速接收預備儲區的貨品；並且在需要時，依據《補貨單》補貨至動管區（揀選作業區）。

⑤保管區內的存儲應承接預備儲區管理的重點，注重顏色管理、目視管理、看板管理並加以整理、整頓，使貨品存儲區隔劃分明確且標示清楚，以防止混淆。

⑥散裝的貨品盡可能擺設在貨架或儲物櫃中。容易滾動或滑動的貨品應在儲位四週以擋板定位，並且以經濟而有效的方式利用空間，使儲區內貨品整齊有序。

⑦為保證貨物鮮度，收發貨品應以先進先出為原則。食品應考慮保存期限，週轉率較高者應接近通道，以便利存取。

⑧安全保障：如意外防護、進出庫管制、溫濕度、爆炸、火災、地震天災等損壞的防治及安全管理。制定各種管理辦法，使保管區的存儲作業更完善。

七、儲位系統的編碼

1. 儲位編碼的功能

功用：儲位經過編碼，在管理上具有以下功能：

⑴確定儲位資料的正確性。

⑵提供電腦中相應的記錄位置以供識別。

⑶提供進出貨、揀貨、補貨等人員存取貨品的位置依據，以方便貨品進出上架及查詢，節省重覆找尋貨品的時間，且能提高工作效率。

⑷提高調倉、移倉的工作效率。

⑸可以利用電腦處理分析。

⑹因記錄正確，可迅速存儲或揀貨。

⑺方便盤點。

⑻可讓倉儲及採購管理人員瞭解存儲空間，以控制貨品存量。

⑼可避免貨品因胡亂堆置導致過期而報廢，並可有效掌握存貨，降低庫存量。

2. 儲位編碼的方法

一般儲位編碼的方法有下列四種，由於存貨品特性不同，所適合的儲位編碼方式也不同，必須按照保管貨品的存儲量、流動率、保管空間佈置以及所使用的保管設備而作出選擇。不同的編碼方法，對於管理的容易與否也有影響。

通常我們把貨架縱列數稱為「排」，每排貨架水平方向的貨格數稱為「列」，每列貨架垂直方向的貨格數稱為「層」。一個貨架系統的規模可用「排數×列數×層數」，即貨格總數來表示。例如，50 排×20 列×5 層，其貨格總數為 5000 個。

在一個貨架系統中，某個貨格的位置（即儲位）可以用其所在的排、列、層的序數來表示，稱之為儲位的位址，例如「03-15-04」即表示第 3 排、第 15 列、第 4 層的儲位。用儲位位址作為貨格的編號，簡單明瞭。

表 8-6　儲位編碼類型說明表

編碼類型	說明
(1)區段方式	把保管區域分割為幾個區段，再對每個區段編碼。這種編碼方式是以區段為單位，每個號碼所代表的儲位區域較大，因此適用於容易單位化裝載的商品，以及大量或保管週期短的貨品。在 ABC 分類中的 A、B 類貨品很適合這種編碼方式。貨品以物流量大小來決定其所佔的區段大小；以進出貨頻率來決定其配置順序。
(2)商品群別方式	把一些相關貨品經過集合後，區分成幾個商品群，再對每個商品群進行編碼。這種編碼方式適用於按商品群類別保管及品牌差距大的貨品，例如服飾、五金等。
(3)地址式	利用保管區域中的現成參考單位，例如建築物第幾棟、區段、排、行、層、格等，依照其相關順序來進行編碼。該方式為目前物流中心使用最多的編碼方式。但由於其儲位體積所限，適合一些量少或單價高的貨品存儲使用，例如 ABC 分類中 C 類的貨品。
(4)座標式	利用空間概念來編排儲位，由於其儲位切割細小，在管理上比較複雜，適用於流通率很小，長時間存放的貨品。

表 8-7 位址式編碼的例子

<table>
<tr><td>數字</td><td>10</td><td>3</td><td>15</td><td>72</td><td>3</td></tr>
<tr><td>含義</td><td>物流中心存儲區域</td><td>樓</td><td>排</td><td>列</td><td>層數</td></tr>
<tr><td>說明</td><td>存儲區域從「1」開始標號</td><td>樓層</td><td>指較長列，又稱「Cross Row」，一般設定標號不超過50，即 STACK 排數由左至右不超過50。</td><td>指較短列，即以貨架區分，又稱「Main Row」，一般由51開始標號，因 1～50保留給較長列(排)編號</td><td>指每一貨架由下向上數的層數</td></tr>
<tr><td rowspan="3">數字範圍</td><td colspan="2">大批量儲區</td><td rowspan="3">按照規模設在 30～50</td><td>51～100</td><td rowspan="3"></td></tr>
<tr><td colspan="2">中批量儲區</td><td>101～150</td></tr>
<tr><td colspan="2">小批量儲區</td><td>151</td></tr>
</table>

八、物流中心儲位管理的使用模式

1. 地板堆積存儲

地板堆疊法是使用地板支撐的存儲，分為將物品放置或直接著地儲放兩種。堆疊可通過倚靠牆來提高穩定性，即使袋裝物也能容易地儲放，但除非以人工或較傳統的機械作業，否則不易提取。

(1)優點

· 不規則尺寸及形狀的貨品不會造成地板堆疊的困難。

· 適合大量可堆疊貨品的存儲：能給規則形狀或容器化的物品提供有效的存儲空間。

・堆疊尺寸能根據存儲量適當調整。
・通道要求較小，且能容易地改變。

⑵缺點

・不可能兼顧先進先出。
・堆疊邊緣無法被保護，容易被搬運設備損壞。
・地板堆疊容易不整齊，且特殊單位的揀取需要較多的搬移工作。
・一些物品不適合存儲，如易燃物，須置於一定高度。

表 8-8　地板堆積的兩種方式

行列堆積	在行列堆積之間留下足夠的空間使得任何託盤提取時不受阻礙。當儲區中只剩少數託盤時，將託盤轉移至小批量儲區，再儲放大批量產品。
區域堆積	是指行與行之間的託盤堆積不留存任何空間，此方式能節省空間，但只限於存儲大量產品。提取時託盤互相連結，容易發生危險，須小心作業。

2. 貨架存儲

表 8-9　貨架存儲的兩種方式

兩面開放貨架	這種存儲方式的貨架前後兩面皆可分別用於存儲與揀取，設計彈性較高，且配合「先進先出」的原則。
單面開放式貨架	只有單面可供存儲及揀取，因而在系統設計上較無彈性，難以實現「先進先出」原則，但多採用背對背式排列，所以使用空間較小。

貨架存儲的優點：

⑴不論存或取皆較便利。

⑵適合品項數量不多且不宜地板堆疊的情況。

⑶欲作選擇性提取時(如先進先出)，採用棚貨架存儲較有利。(地板積存較難)。

⑷棚貨架除適合多樣規則性貨品的存儲外，也能用於不規則形狀物的存儲，但不能超出儲架範圍。

現今最常用的貨架存儲形式有：

· 託盤貨架——單面；
· 流力貨架——雙面；
· 駛入式貨架——單面、雙面。

3. 貯物櫃

貯物櫃應被安排成背對背，若可能，最好靠牆放置，因靠牆放置將能提供良好的位置來存儲不規則形狀物品以及長時間存儲的物品。

· 小批量及較主要的品項置於櫥櫃中央（不活潑）位置，以利揀取。
· 厚重、體積大的品項儘量堆放於貨架或貯物櫃的最下方（不活潑）位置。
· 量輕、體積大的品項儘量堆放於較上方的位置。

4. 自動倉庫

表 8-10　自動倉庫類型表

類型	種類
單位負載式自動倉庫	單寬巷道、單深鋼架 單寬巷道、雙深鋼架 單寬巷道、雙深鋼架、雙叉牙 雙寬巷道、雙深鋼架 附台車式高架吊車
小貨架式	料盒式 AS/RS 塑膠箱式 AS/RS 水平旋轉式貨架 垂直旋轉式貨架 移動式貨架

第九章

物流中心的搬運管理

物流中心的裝卸搬運是其在物流過程中必不可少的重要環節，物流的包裝、儲存和運輸等環節都要經過裝卸搬運的配合才能進行。因此，裝卸搬運是物流不同運行環節之間的橋樑和紐帶，只有抓好裝卸搬運管理，才能使連鎖業的物流活動正常有序地開展。

裝卸搬運是指在同一地域範圍內進行的，以改變物品的存放狀態和空間位置為主要內容和目的的活動。在物流過程中，因為物品存放的狀態和空間位置是密切相連、不可分割的，所以，人們常常用「裝卸」或「搬運」來代替裝卸搬運的完整意義。即在整個物流活動中，如果強調存放狀態改變時，一般用「裝卸」一詞反映；如果強調空間位置改變時，常用「搬運」一詞反映。

裝卸搬運活動在整個物流過程中佔有很重要的位置。一方面，物流過程各環節之間的銜接，以及同一環節的不同活動之間的聯繫，都是通過裝卸搬運作業把它們有機地結合起來的，從而使物品在各環節、各種活動中處於連續運動或所謂的流動；另一方面，各種不同的運輸方式之所以能聯合運輸，也是由於裝卸搬運作業所起的作用。在連鎖業的生產經營中，裝卸搬運作業已成為不可缺少的組成部份，成為生產經營的保障系統，從而形成裝卸搬運系統。

一、裝卸搬運的功能

裝卸搬運在物流中的作用取決於其功能，一般來說，在連鎖經營中，裝卸搬運具有以下主要功能：

1. 連接功能

裝卸搬運是伴隨生產過程和流通過程各環節所發生的活動，又是銜接生產各階段和流通各環節之間相互轉換的橋樑。特別是在連鎖業的經營過程中，採購、運輸、包裝、儲存、流通加工和配送等環節的運轉均離不開裝卸搬運，否則，整個經營過程就無法進行。例如，據有關調查表明，連鎖業經營的商品從生產領域到消費領域，至少需要經過幾十次，甚至幾百次的裝卸搬運。由此可見，裝卸搬運連接功能的發揮對連鎖業提高經營效益、滿足消費者需要有著極其重要的作用。

2. 服務功能

裝卸搬運是保障生產和流通其他各環節得以順利進行的條件。裝卸搬運活動本身雖然不消耗原材料，不產生廢棄物，不佔用大量的流動資金，不產生有形產品，但它的工作質量卻對生產和流通的其他各環節產生很大影響。所以，裝卸搬運對物流過程的其他各環節所提供的作業是一種勞務，具有提供服務的功能。

3. 促進功能

這是指裝卸搬運的有效運行能促進商品價值、使用價值的實現和物流系統整體功能的發揮。裝卸搬運是物流過程中的一個重要環節，它制約著物流過程中的其他各項活動，是提高物流速度的關鍵因素。無論在生產領域還是在流通領域，裝卸搬運功能發揮的程度，都會直接影響著連鎖業生產經營的正常進行，其工作質量的好壞，都會關係到商品本身的價值和使用價值的實現。一旦忽視了裝卸搬運，輕則生產經營會發生混亂，重則造成停產停業。例如，港口由於裝卸設備、設施不足以及裝卸搬運組織管理等原因，曾多次出現過壓船、壓港、港口堵塞的現象，造成貨物不能及時到位，生產經營無法正常進行。所以，裝卸搬運在連鎖業生產經營中具有「瓶頸」的特點，制約著物流過程各環節的活動。

由此可見，改善裝卸搬運作業，提高裝卸搬運的合理化程度對加速車船週轉，發揮港、站、庫的功能，加快物流速度，減少流動資金佔用，降低物流費用，提高物流服務質量，發揮物流系統的整體功能等都具有重大作用。

二、裝卸搬運作業的內容

連鎖業的裝卸搬運作業大多是在倉庫和物流中心等物流設施中進行的，主要有以下 3 大內容：

(1) **堆拆作業**。主要包括堆裝作業、拆裝作業、堆垛作業和拆垛作業 4 個方面，如表 9-1 所示。

表 9-1　連鎖業的堆拆作業

作業項目	堆裝作業	拆裝作業	堆垛作業	拆垛作業
作業內容	把貨物從預先放置的場所移動到卡車等運輸工具或倉庫等保管設施的指定場所，按照所規定的位置和形態碼放	堆裝作業的逆作業，即把堆放好的貨堆進行拆卸	在物流中心或倉庫等固定設施的作業中，堆垛高度在 2 米以上的作業	堆垛作業的逆作業

⑵**分揀、配貨作業**，如表 9-2 所示。

表 9-2　連鎖業的分揀、配貨作業

作業項目	分揀作業	配貨作業
作業內容	在堆裝、拆垛前後或配貨作業前發生的作業。即按照貨物的種類、入出先後等類別劃分區域，將貨物堆碼到指定位置的作業	向卡車等運輸工具裝載貨之前、從倉庫等保管設施的出庫作業之前的作業。即將貨物從所在的位置，按照貨物種類、作業先後次序、發貨對象等分類取貨、堆碼在規定場所的作業。這種作業方式有摘果式和播種式兩種

⑶**搬運移動作業**。是指為進行上述作業而發生的，以完成這些作業為主要目的的作業。包括水平、垂直、斜行以及由這幾種形式組合為一體的作業。它是屬於改變空間位置的作業。

三、裝卸搬運的主要機械設備

裝卸搬運機械是指工廠、倉庫、貨物中轉中心、物流中心等物流現場用來從事貨物裝卸搬運用的各種機械設備的總稱。隨著經濟的發展和技術的進步，在物流領域中，越來越多的物流作業採用裝卸搬運機械設備來逐步代替人背肩扛的原始作業方式，現代裝卸搬運機械設備得到了廣泛的應用，裝卸搬運機械化已成為連鎖業實現物流合理化、省力化和效率化的主要手段。現階段，連鎖業的裝卸搬運設備主要有以下 5 大類。

1. 裝卸搬運車輛

這是指在連鎖業的倉庫或物流中心內主要用於短距離移動作業的活動機械設備，主要包括叉車、人力搬運車和動力搬運車等。它們的工作特徵是在底盤上裝有起重、輸送、牽引和承載裝置，可以在倉庫或物流中心內進行高效率的貨物移動作業。

2. 連續輸送機械

這是指在連鎖業的倉庫或物流中心內主要用於短距離移動作業的固定機械設備。主要包括帶式輸送機、振動輸送機、懸掛輸送機、輥子輸送機和門式提升機等。它們在進行作業時，機械設備的位置相對固定，線路一定，能連續動作、循環運動和持續負載。

3. 散裝作業機械

散裝式作業機械，是指在連鎖業的物流中心或倉庫內主要用來裝卸搬運水泥、大米、麵粉和石料等散裝貨物的作業機械。主要包括各類裝載機、傾翻類卸車機和連續輸送機等。

4. 起重機械

這是指在連鎖業的倉庫或物流中心內主要用於升降作業的機械設備。主要包括輕小起重設備（葫蘆、絞車等）、升降機和起重機等。它們的工作特徵是間歇動作、重覆循環、升降運動，使貨物在一定範圍內上下、左右、前後的移動。

5. 分揀機械

這是指在連鎖業的倉庫或物流中心內主要用於分揀作業的機械設備。它們是在電腦系統或人工控制下連續動作，將不同的貨物分揀出來並搬運到各自所指定的位置。

四、連鎖業裝卸搬運的原則

裝卸搬運是連鎖業物流過程的一個重要功能要素，其功能的發揮直接關係到整個物流系統的工作效率和連鎖業的經營效益，因此，裝卸搬運的管理是連鎖業物流管理的重要內容。

連鎖業在裝卸搬運管理中應遵循以下 6 個原則：

1. 作業次數最小化原則

裝卸搬運雖然是物流過程不可缺少的作業，但是若裝卸搬運次數過多，勢必增加勞動量、提高物流成本，從而影響連鎖業的經營績效。所以，在物流過程應該將裝卸搬運的次數控制在最小的範圍內。通過合理安排作業流程、採用合理的作業方式、倉庫內合理佈局以及倉庫的合理設計實現物品裝卸搬運次數最小化。

2. 移動距離（時間）最小化原則

在裝卸搬運中，貨物移動距離的長短與搬運作業量大小和作業效率是聯繫在一起的，距離越長，作業量就越大，作業效率也就越低。因此，連鎖業在物流管理中，應在貨位佈局、車輛停放位置、入出庫作業流程等方面充分考慮物品移動距離的長短，以物品移動距離最小化為原則。

3. 活性指數最大化原則

「搬運活性」是指待運貨物的易於移動狀態。越易於移動，貨物的「活性」就越大，貨物的「活性」會直接影響到裝卸搬運的效率。在物流過程中貨物要經過多次裝卸搬運，前道的卸貨作業與後道的裝載或搬運作業關係密切。如果卸下來的貨物零散地碼放在地上，在搬運時就要一個一個搬運或重新碼放在託盤上，因此增加了裝卸搬運次數，降低了效率。如果卸貨時能直接將貨物堆碼在託盤上，或者運輸過程中就是以託盤為一個包裝單位，那麼，就可以直接利用叉車進行裝卸或搬運作業，實現裝卸搬運作業的省力化和效率化。同理，在進出庫作業中，利用傳送帶和貨物裝載機裝卸貨物可以達到省力化和效率化的目的。因此，在組織裝卸搬運作業時，應該靈活運用各種裝卸搬運工具和設備，前道作業要為後道作業著想，從物流起點包裝開始，應以裝卸搬運的活性指數最大化為原則。

4. 單元化原則

單元化原則是指將貨物集中成一個單位進行裝卸搬運的原則。單元化是實現裝卸合理化的重要手段。在物流作業中廣泛使用託盤，通過叉車與託盤的結合提高裝卸搬運的效率。通過單元化不僅可以提高作業效率，而且還可以防止損壞和丟失，數量的確認也變得更加容易。

5. 機械化自動化原則

機械化自動化原則是指在裝卸搬運作業中用機械設備和自動控

制設備來代替人工作業的原則。實行裝卸搬運作業的機械化、自動化是實現省力化和效率化的重要途徑，通過機械化、自動化能改善物流作業環境，將人從繁重的體力勞動中解放出來。當然，機械化、自動化的程度除了技術因素外，還與物流費用的承擔能力等經濟因素有關。機械化、自動化的原則同時也包含了將人與設備合理組合、發揮各自長處的內容。在許多情況下，簡單機械的配合同樣可以達到省力化和提高效率的目的。片面強調機械化、自動化會造成物流費用的膨脹，在經濟上難以承受。

6. 系統化原則

連鎖業的裝卸搬運是由若干作業環節來完成的，各個環節相互聯繫、相互作用形成的裝卸搬運系統。系統化原則是指將各個裝卸搬運作業活動作為一個有機整體實施系統化管理。也就是說，要運用系統化觀點來進行裝卸搬運作業管理，以提高裝卸搬運活動之間的協調性和裝卸搬運系統的柔性，適應複雜多樣的物流需求。

五、連鎖業裝卸搬運設備的合理選擇

在連鎖業的物流活動中，由於不同類型的貨物在不同的裝卸搬運場所，所需要的裝卸搬運機械不盡相同，因此，合理選擇裝卸搬運機械，無論在降低裝卸搬運費用上，還是在提高裝卸搬運效率上，都有著重要的意義。裝卸搬運機械的選擇，應本著經濟合理、提高效率、降低費用的總要求，從以下 3 個方面入手：

⑴根據不同類型貨物的裝卸搬運特徵和要求來選擇裝卸搬運設備。在裝卸搬運中，各種貨物的單件規格、物理化學性能、包裝情況、

裝卸搬運的難易程度等，都是影響裝卸搬運機械選擇的因素。因此，應從作業安全和效率出發，選擇合適的裝卸搬運機械設備。

⑵根據物流輸送和儲存作業的特點來選擇裝卸搬運機械設備。貨物在輸送過程中，不同的運輸方式具有不同的作業特點。因此，在選擇裝卸搬運機械時，應根據不同運輸方式的作業特點來選擇與之相適應的裝卸搬運機械設備。同理，裝卸搬運設備的選擇也要考慮貨物在儲存作業中的特點。例如，連鎖業儲存的貨物類型多、規格複雜多樣、作業類別較多、進出數量大、裝卸搬運次數較多且方向多變等。因此，為適應儲存作業的特點，在選用機械作業時應盡可能選擇活動範圍大、通用性強、機動靈活的裝卸搬運機械。

⑶根據機械設備的技術經濟性來選擇裝卸搬運設備。這是指連鎖業在物流管理中應根據運輸和儲存的具體條件和作業的需要，在正確估計和評價裝卸搬運使用效益的基礎上，合理選擇裝卸搬運機械。這樣才能使設備的選擇建立在科學性和經濟性的基礎上，以達到充分利用機械設備和提高作業效率的目的。

六、裝卸搬運作業合理化

合理組織裝卸搬運，對於加快物流速度、減少作業費用、提高物流經濟效益有著重要意義。實現裝卸搬運作業合理化，主要應做好以下 7 個方面的工作：

1. 減少裝卸搬運次數，消除多餘作業

裝卸搬運作業不能提高和增加貨物的使用價值，與此相反，過多的裝卸次數反而會導致貨損的增加，降低貨物使用價值。每增加一次

裝卸搬運，其費用就會大幅度上升。此外，裝卸搬運次數的增加又會大大阻緩整個物流的速度。因此，在裝卸搬運中，應盡可能採用一次性作業方式，儘量排除或合併不必要的裝卸搬運，把裝卸搬運的次數降到最低限度。

2. 提高裝卸搬運活性

待運貨物的易於移動狀態稱為「搬運活性」。待運貨物處於較易於移動的狀態，搬運活性就大，反之就小。為了提高搬運活性，應把貨物整理歸堆或是包裝成單件放在託盤上，或是裝在車上，放在輸送機上。一般來說，搬運活性指數愈高愈好，但在具體實施中還要考慮其可行性。

3. 利用重力，實現裝卸搬運省力化

在裝卸搬運作業中，利用重力由高處向低處移動，有利於節省能源，減輕勞力，如利用滑槽。當重力作為阻力發生作用時，應把貨物裝在滾輪輸送機上以減輕勞力，達到省力和提高作業效率的目的。

4. 實現機械化、自動化

隨著社會經濟的發展和技術的進步，各類裝卸搬運設備不斷出現，為降低裝卸搬運的勞動強度、提高作業效率提供了條件。連鎖業應積極改善裝卸搬運作業的條件和環境，購置經濟合理的機械設備，實現作業機械化和自動化，這是形勢發展的需要，也是物流現代化的需要。

5. 保持作業的連續均衡

在連鎖業的物流過程中，裝卸搬運作業量的不均衡和人員設備的不合理配置是影響裝卸搬運作業效率的主要因素之一。因此，裝卸搬運應當盡可能進行不停的連續作業，最為理想的是使貨物不間斷地連

續地流動，力求達到作業量與作業能力相均衡，使總體工作效率得以提高。

6. 推廣應用集裝貨載

在搬運裝卸中要大力推行使用集裝袋、集裝箱和託盤等工具，將一定數量的貨物彙集起來，成為一個個大件貨物，以有利於機械搬運、運輸、保管，形成單元貨載系統，以提高裝卸搬運作業的效率。

7. 謀求系統的優化

連鎖業的物流活動是由運輸、保管、裝卸搬運、包裝和流通加工等環節組成的。裝卸搬運一個環節的單獨改進和優化是很有限的，應把這些活動做成一個系統來處理，以求得物流系統整體觀念優化的效果。

心得欄 ---------------------------------

第十章

物流中心的包裝管理

任何產品，要從生產領域轉移到消費領域，都必須借助於包裝，連鎖經營的商品也不例外。所謂商品包裝，是指採用適當的材料，製成與商品相適應的容器，以便進行裝卸、搬運、運輸、保管、配送和銷售，使之不受外來因素的影響，順利實現商品價值和使用價值而採用的一種綜合性經濟活動。

一、物流中心的包裝功能

物流包裝在連鎖經營中的作用取決於其基本功能，一般而言，連鎖業的物流包裝具有保護、提效和資訊三大基本功能：

1. 保護功能

物流包裝的保護功能是其最重要和最基本的功能，主要保護商品的價值和使用價值在物流過程中不受外界因素的損害。我們知道，商品在裝卸、運輸和儲存等物流環節中會受到衝擊、振動、壓縮、顛簸和摩擦等外力的作用，在這些外力的作用下，商品在物流過程中會出現擦傷、變形、破損、洩漏和短缺等現象，降低了商品的價值和使用價值。例如，商品運輸過程中劇烈的振動衝擊；儲存中的高層堆碼，使底層商品承載過重；商品在裝卸、搬運過程中的意外跌落等外力作用，都可能損害商品的使用價值。同時，商品在物流過程中也會受到光、水和微生物等的影響發生物理或化學變化，造成商品的開裂、變形、老化、受潮、發黴、變質和生銹等現象，同樣也會損害商品的價值或使用價值。例如，氣溫的升高會造成商品的變質；濕度的變化會導致商品生銹或黴變；光照的變化會使某些商品變硬變脆等。因此，為了保護商品的價值和使用價值不受到損害，必須對商品進行適宜的物流包裝。

2. 提效功能

是指合適的物流包裝能夠降低物流勞動強度，提高物流工作效率。商品經過物流包裝，特別是推行包裝標準化後，能夠為商品的物流提供許多方便，提高物流工作效率。例如，將液態商品（硫酸、鹽酸等）盛桶封裝，小件異形商品裝入規則箱體，零售小件商品集裝成箱，為商品的裝卸、搬運、儲存提供了方便；又如，推行物流包裝標準化，能夠提高倉庫的利用率，提高運輸工具的裝載能力，從而提高物流效率。可見，合理的物流包裝對提高物流工作效率有著重大作用。

3. 資訊功能

是指物流包裝能夠傳遞資訊，以促進物流管道的暢通，保證物流過程各環節協調的功能。商品包裝的資訊功能主要體現在商品識別和商品跟蹤控制兩個方面。商品識別是指商品包裝物上一般具有商品名稱、製造商、容器類型、商品代碼和條碼等標誌，以向物流操作者傳遞商品的相關資訊，指導商品的裝卸、儲存和運輸等，便於商品的識別、清點和驗收入庫，有利於進行合理的裝卸、運輸和保管，減少貨損和貨差，加快作業速度，降低物流費用。商品的跟蹤控制是連鎖業物流過程中的一項重要工作，在連鎖業的物流過程中，企業的物流控制系統必須掌握商品的流向和儲存狀況，以滿足生產經營的需要。這除了通過收貨單、發貨單、運輸單和保管賬等來獲得商品的物流資訊外，還必須進行實物查驗，這就要借助於物流包裝上的標誌來傳遞商品資訊。所以，物流包裝的資訊功能是連鎖業物流包裝的主要功能之一。

二、物流中心的包裝容器

物流包裝的功能是通過包裝容器來實現的，包裝容器的質量和適應性又取決於包裝材料，因此，包裝材料的選擇和包裝容器的設計製作是發揮物流包裝功能的前提。連鎖業常用的包裝容器有以下幾類。

1. 木製包裝容器

木製包裝容器是指以木材為材料的包裝容器。由於其抗壓、抗衝擊，具有良好的機械性能，便於商品在運輸、儲存中垛碼，充分利用倉庫容積，對商品起到良好的保護作用。所以，在連鎖業的物流包裝容器中所佔的比重較大。木製包裝容器主要有木製包裝箱和木製包裝桶兩大類。這是連鎖業物流過程中廣泛採用的一種包裝容器，其使用量僅次於瓦楞紙箱。

2. 紙製包裝容器

紙製包裝容器是指以紙為主要包裝材料的包裝容器，它在物流包裝中佔有非常重要的位置，一般佔包裝容器的 30%—40%。在連鎖業物流中的紙製包裝容器主要有紙板箱、瓦楞紙箱、紙盒、紙筒和紙罐等。最常用的是瓦楞紙箱，它是一種用瓦楞紙板製成的箱型容器，因為其強度大，耐衝擊，能較好地防止裝卸、搬運和儲存中各種外力對商品的損害，所以常被連鎖業所採用。按照瓦楞紙箱的外形結構可分為三種：折疊式瓦楞紙箱、固定式瓦楞紙箱和異形瓦楞紙箱。在使用瓦楞紙箱包裝時，應考慮包裝容器所能承受的壓縮強度，它取決於原紙的強度、箱的尺寸和形狀、瓦楞紙含水量等因素。

3. 塑膠包裝容器

塑膠包裝容器是以塑膠材料為主而製作的一種現代包裝容器。當今世界，塑膠包裝容器已經滲透到人們生活的各個方面，特別是在食品包裝方面，應用日益廣泛。從發展的前景來看，塑膠包裝容器大有發展前途，連鎖業應積極採用。在連鎖業中常用的塑膠包裝容器有塑膠袋類包裝容器、塑膠軟管類包裝容器和塑膠瓶類包裝容器。

4. 金屬包裝容器

金屬包裝容器是指用馬口鐵、鋁箔和焊接劑等金屬材料製作的包裝容器。它具有機械強度高、抗衝擊能力強、不易破碎等優點。在連鎖業物流過程中常用的金屬包裝容器有馬口鐵罐、鋁箔軟管和金屬桶等。

5. 玻璃包裝容器

玻璃是一種無機物，它的基本材料是石英、燒鹼和石灰石，在高溫下熔融後迅速冷卻，形成透明固體。玻璃包裝容器具有原材料豐富，價格便宜；生產連續，供應穩定；玻璃的化學穩定性好，適宜於包裝液體；可回收利用，透明度好；造型變化快，有利事宣傳和美化商品；沒有氣味，不會污染，長期保存不變質和沒有透氣性，堅硬而不變形等優點。但同時也存在著耗能高、易破碎、重量大等不足之處。

玻璃包裝容器主要用於包裝液體、固體藥物及液體飲料類商品。常用於片狀產品、半固體產品、黏性液態產品、自由流動的液態產品、易揮發的液態產品、含氣體的液態產品、顆粒狀產品和粉末狀產品等。

三、物流中心的包裝技術

為了使包裝功能得到充分發揮，除了選用合適的包裝材料和包裝容器外，在進行物流包裝時還應根據物流要求和商品特性採用相應的包裝技術。連鎖業常用的包裝技術有以下幾類。

1. 防震包裝技術

連鎖業的商品在裝卸、搬運和儲存過程中往往會受到各種外力的衝擊，並使商品發生機械性損壞，為了防止商品遭受損壞，就應設法減小外力的影響。所謂防震包裝技術，就是指為減緩內裝物受到衝擊和振動，保護其免受損壞所採取的一定防護方法和措施。例如，在內包裝和外包裝之間用鈣塑、海綿等防震材料填充的防震包裝技術等。

2. 防破損包裝技術

上述緩衝包裝同時具有較強的防破損能力，所以它們也是防破損包裝技術中比較有效的一類。此外，捆紮及裹緊技術、集裝技術和選擇高強保護材料等也是常用的防破損包裝技術。

3. 防銹包裝技術

常見的防銹包裝技術有兩種：一是防銹油防銹蝕包裝技術，這種技術是用一定厚度的防銹油塗複封裝金屬製品，使金屬表面與引起大氣銹蝕的各種因素隔絕，從而達到防止大氣銹蝕金屬的目的。另一種是氣相防銹包裝技術，這是用氣相緩蝕劑（揮發性緩蝕劑），在密封包裝容器中對金屬製品進行防銹處理的技術。

4. 防黴腐包裝技術

連鎖業的食品、水果、紙製品和紡織品等商品在物流過程中會因商品性質和環境變化等因素產生黴菌，特別是遇到潮濕，黴菌生長繁殖極快，甚至伸延至商品內部，使其腐爛、發黴和變質，因此要採取特別防護技術。防黴爛變質的包裝技術，通常採用冷凍包裝、真空包裝或高溫滅菌等方法。冷凍包裝的原理是減慢細菌活動和化學變化的過程以延長儲存期，但不能完全消除食品的變質；高溫殺菌法可消滅引起食品腐爛的微生物，商品可在包裝過程中用高溫處理以防黴防腐；為了防止水汽浸入經乾燥處理的商品所引起的發黴變質，可選擇防水汽和氣密性好的包裝材料，採取真空和充氣包裝。此外，還可採用防黴劑、開設通風孔或通風窗等措施來防黴腐。

5. 防蟲包裝技術

防蟲包裝技術，常用的是驅蟲劑，即在包裝中放入有一定毒性和臭味的藥物，利用藥物在包裝中揮發氣體殺滅和驅除各種害蟲。也可採用真空包裝、充氣包裝、去氧包裝等技術，使害蟲無生存環境，從而防止蟲害。

6. 危險品包裝技術

危險品按其危險性質，交通運輸及公安消防部門規定分為 10 大類，即爆炸性物品、氧化劑、壓縮氣體和液化氣體、自燃物品、遇水燃燒物品、易燃液體、易燃固體、毒害品、腐蝕性物品、放射性物品等，有些物品同時具有兩種以上危險性能。對有毒商品的包裝要明顯地標明有毒的標誌，防毒的主要措施是包裝嚴密不漏、不透氣；對有腐蝕性的商品，要注意商品和包裝容器的材質發生化學變化。金屬類的包裝容器，要在容器壁塗上塗料或保護層，防止腐蝕性商品對容器的腐蝕或商品質量的變化；對於易燃、易爆商品，可採用塑膠桶包裝，然後將塑膠桶裝入鐵桶或木箱中，並應有自動放氣的安全閥，當桶內達到一定氣體壓力時，能自動放氣。

7. 特種包裝技術

特種包裝技術主要有以下 5 種：

⑴充氣包裝。充氣包裝是指採用二氧化碳氣體或氮氣等不活潑氣體置換包裝容器中空氣的一種包裝方法，因此也稱為氣體置換包裝。這種包裝方法是根據好氧性微生物需氧代謝的特性，在密封的包裝容器中改變氣體的組成成分，降低氧氣的濃度，抑制微生物的生理活動、酶的活性和鮮活商品的呼吸強度，達到防黴、防腐和保鮮的目的。

⑵真空包裝。真空包裝是將商品裝入氣密性容器後，在容器封口之前抽真空，使密封後的容器內基本沒有空氣的一種包裝方法。一般的肉類商品、穀物加工商品以及某些容易氧化變質的商品，都可以採用真空包裝。真空包裝不但可以避免或減少脂肪氧化，而且抑制了某些黴菌和細菌的生長。同時在對其進行加熱殺菌時，由於容器內部氣體已排除，因此，加速了熱量的傳導，提高了高溫殺菌效率，也避免了加熱殺菌時，由於氣體的膨脹而使包裝容器破裂。

⑶收縮包裝。收縮包裝就是用收縮薄膜包裹物品（或內包裝件），然後對薄膜進行適當加熱處理，使薄膜收縮而緊貼於物品（或內包裝件）的包裝方法。收縮薄膜是一種經過特殊拉伸和冷卻處理的聚乙烯薄膜，由於薄膜在定向拉伸時產生殘餘收縮應力，這種應力受到一定熱量後便會消除，從而使其橫向和縱向均發生急劇收縮，同時使薄膜的厚度增加，收縮率通常為 30%—70%，收縮力在冷卻階段達到最大值，並能長期保持。

⑷拉伸包裝。拉伸包裝是 20 世紀 70 年代開始採用的一種新包裝技術，它是由收縮包裝發展而來的。拉伸包裝是依靠機械裝置在常溫下將彈性薄膜圍繞被包裝件拉伸、緊裹，並在其末端進行封合的一種包裝方法。由於拉伸包裝無須進行加熱，所以，消耗的能源只有收縮包裝的 1/20。拉伸包裝可以捆包單件物品，也可以用於託盤包裝之類的集合包裝。

⑸去氧包裝。去氧包裝是繼真空包裝和充氣包裝之後出現的一種新型除氧包裝方法。去氧包裝是在密封的包裝容器中，使用能與氧氣起化學作用的去氧劑與之反應，從而除去包裝容器中的氧氣，以達到保護內裝商品的目的。去氧包裝方法適用於某些對氧氣特別敏感的商品，如食品、化工品等的包裝。

四、連鎖業的包裝管理

商品包裝是連鎖業物流過程的起點，也是保證物流活動順利進行的重要條件。合理的包裝能夠保護商品不受損壞，便於集中運輸和儲存以取得最佳的經濟效益，同時還能分割及重新組合商品以適應多種裝運條件及分貨要求。因此，包裝材料的選用及包裝技術的正確運用是連鎖業物流管理的主要內容。

連鎖業包裝合理化是指管理者對商品包裝作業過程進行合理的組織，實施商品包裝的標準化和現代化，以最少的投入完成商品包裝任務，實現企業的經營目標。它主要包括以下 3 個方面的內容。

1. 包裝作業的合理組織

這是指連鎖業的管理者將選用的包裝物料、包裝器具、作業人員和場所進行合理的組配，以提高包裝作業效率。對包裝作業加強管理主要應注意做好以下 6 個方面的工作：

⑴建立必要的規章制度和設置專門的包裝管理部門。規章制度是企業開展各項經營管理活動的基礎。沒有必要的規章制度，企業的經營管理活動就會無章可循。連鎖業的包裝作業也不例外，它需要必要的規章制度來保障其包裝活動正常有序地開展，如包裝材料的採購、使用和回收等管理制度。因此，制定並執行必要的規章制度是包裝管理的重要內容之一。此外，規章制度是由人和機構來執行的，因而，為了保證規章制度的貫徹執行，連鎖業就需要設立專門的機構或專職人員來進行包裝作業的管理。

⑵對入庫包裝材料進行嚴格檢驗。連鎖業在包裝材料的進貨驗收環節上，要按照包裝材料驗收的規定進行。特別是對於重覆使用的包裝容器或材料，應嚴格執行舊包裝回收整理和改制覆用的標準，認真把好商品包裝質量關，其捆紮牢固程度、材料的強度及外觀和標記、標誌都應符合商品包裝標準的要求。

⑶修舊利廢，充分利用原包裝。一般進庫商品均帶有包裝。為了充分利用原包裝，連鎖業在裝卸搬運過程中，應做到文明裝卸，安

全操作，保護和愛護原包裝，充分發揮原包裝的作用。對包裝損壞的應進行必要的修補、加固或換裝，對由於零星發貨而閒置的包裝器材進行及時收集、保管和修復利用，以擴大包裝器材的來源和節省包裝費用。

⑷簡化包裝或取消包裝。在連鎖經營中，企業應根據各種不同商品的特性及商品儲運的實際條件（批量大小、運輸工具、發運方式、運輸距離、供貨方式和氣候條件等），確定相應的包裝。應儘量簡化商品包裝或取消包裝。尤其是採用集裝箱運輸之後，有些商品就可直接裝入集裝箱、運輸工具中發運，而取消包裝，如散裝水泥等。

⑸加強管理，提高技術，節約包裝材料。連鎖業對於已經使用過的包裝材料要組織回收，經整理加固後再次使用。這是連鎖業適應包裝業務需要、節約包裝材料、降低物流費用的一種重要措施。在物流活動中，連鎖業還要針對包裝的多樣化，努力提高包裝人員的技術水準，優質低耗地完成各種商品的包裝任務，避免出現大材小用、優材劣用和舊材不用的現象。

⑹創造條件，實現包裝容器的週轉使用。隨著集裝箱和託盤的廣泛應用，許多企業和部門根據商品的特點和需要，設計製造了一些週轉用貨箱或托架之類的包裝容器。從使用效果來看，可以節省大量包裝材料和包裝費用，並提高了對商品的保護能力和作業效率，降低了損壞率，為改進包裝技術、實現包裝標準化創造了條件。

2.包裝標準化

包裝標準化是指對包裝類型、規格、材料、結構、造型、標誌及包裝實驗等所做的統一規定以及相關的技術政策和技術措施。其中主要包括統一材料、統一規格、統一容量、統一標記和統一封裝方法。

推行包裝標準化是任何國家的一項重要技術經濟政策，它適應了日益擴大的國際貿易發展的需要，成為商品走向國際市場的重要條件之一。

3. 包裝現代化

包裝現代化，是指在包裝產品的包裝設計、製造印刷、資訊傳遞等各個環節上，採用先進、適用的技術和管理方法，以最低的包裝費用，使商品經過包裝順利地進入消費領域。要實現包裝的現代化，就需要大力發展現代化的包裝產品，加快開發現代化的包裝機械設備和推廣普及先進的包裝技術，加快新型包裝材料的研製和生產。在商品的運輸包裝方面，要充分發揮集裝箱、集裝袋、紙箱和託盤的作用，逐步實現包裝集裝化；同時，商品包裝要和運輸工具、儲存和裝卸手段相互配套，以便實現商品包裝的系列化、規格化和標準化。

上述內容可總結為表 10-1 所示。

表 10-1　包裝概念、功能、容器、技術以及其合理化

項目	分類
包裝概念	靜態、動態
包裝功能	保護、提效、資訊
包裝容器	木製、紙製、塑膠、金屬、玻璃
包裝技術	防震、防破損、防銹、防黴、防蟲、危險品和特種（充氣、真空、收縮、拉伸、去氧）
包裝合理化	包裝作業的合理組織、包裝標準化

第十一章

物流中心的流通加工管理

流通加工是指商品在流通過程中，根據物流和銷售的需要所進行的包裝、分割、計量、分揀、刷標誌、拴標籤和組裝等簡單作業的總稱。

流通加工是連鎖業在流通領域從事的簡單的生產活動，具有生產製造活動的性質。流通加工與生產領域的製造活動的主要區別是：後者改變加工對象的基本形態和功能，是一種創造新的使用價值的活動。而流通加工不改變商品的基本形態和功能，只是完善商品的使用功能，提高商品的附加價值。流通加工越來越成為流通領域的一項重要功能要素，其原因在於流通加工可以促進物流的高效化和滿足消費者日益多樣化的需求，同時也給企業帶來可觀的經濟效益。

一、流通加工管理的功能

連鎖業流通加工的主要功能可以歸結為以下幾個方面：

⑴**強化流通保管功能**。這是指一些商品經過流通加工後，便於保管，延長保管時間。例如，食品的保鮮包裝、罐裝食品加工和防腐加工等均屬於此類。

⑵**回避商業風險功能**。為了提高勞動效率，不少企業往往先按統一的標準生產出商品，然後在流通領域根據消費者需求對該商品進行流通加工，以減少積壓、浪費和脫銷等商業風險。例如，鋼管的剪裁、玻璃的剪裁一般是在接到客戶訂單後再進行剪裁加工的。

⑶**提高商品價值功能**。一般來說，流通加工是不會改變商品本身的使用價值的，但它能完善商品的使用價值、提高商品的附加值。例如，蔬菜等食品原料經過深加工，成為半成品或成品後，不僅可以滿足消費者對商品較高的需求，而且商品的附加值會大幅度上升。

⑷**提高效率功能**。商品按一定的要求經過流通加工後，為便於運輸保管打下了基礎，從而能大幅度地提高物流效率。例如，自行車、傢俱等組裝型商品在運輸過程中往往處於散件狀態，到達客戶處後再進行組裝，以此提高運輸工具的裝載率。

二、流通加工的主要類型

1. 為彌補生產領域加工不足的深加工

在生產經營過程中，由於生產、消費和物流等因素的影響，許多商品在生產領域只能加工到一定程度。然後，在流通領域中根據再生產和消費的需要再進行深加工，以提高經濟效益和滿足消費需求的多樣化。例如，鋼鐵企業的大規模生產只能按標準規定的規格生產，以使商品有較強的通用性，使生產有較高的效率和效益；木材如果在產地製成木製品的話，就會造成運輸的極大困難，所以，原生產領域只能加工到圓木、板方材這樣的程度，進一步的下料、切裁和處理等加工則往往由流通加工完成。這種流通加工實際是生產的延續，是生產加工的深化，對彌補生產領域加工不足有重要意義。

2. 為滿足需求多樣化進行的服務性加工

近年來，隨著生產的發展和消費水準的提高，生產和消費需求的多樣化和多變性越來越明顯，為滿足這種要求，經常需要在流通領域內設置加工環節。例如，連鎖業往往在流通領域把保健品分裝為簡裝、精裝和禮品裝等多種形式以滿足消費者的多種需要。

3. 為保護商品所進行的加工

在物流過程中，商品在客戶投入使用之前都存在著如何保護的問題。為了防止商品在運輸、儲存、裝卸、搬運、包裝等過程中遭受損失，保持原有的使用價值，可通過穩固、改裝、冷凍、保鮮、塗油等流通加工措施來實現。

4.為提高物流效率、方便物流的加工

在連鎖業的物流過程中，不少商品由於其本身形態和理化性質等因素的影響給物流操作帶來了很大困難，需要通過流通加工來方便物流操作，提高物流效率。例如，鮮魚的裝卸、儲存操作困難；過大設備搬運、裝卸困難；氣體物運輸、裝卸困難，等等。這些商品通過冷凍、解體和液化等流通加工後，可以使物流各環節易於操作，提高物流效率。這種加工往往會改變商品的物理狀態，但不改變其化學特性，並最終仍能恢復原物理狀態。

5.為促進銷售的流通加工

商品通過流通加工可以更好地滿足消費者的需要，起到促進銷售的作用。例如，將過大包裝或散裝物分裝成適合一次性銷售的小包裝的分裝加工；將原以保護商品為主的運輸包裝改換成以促進銷售為主的裝潢性包裝，以起到吸引消費者、指導消費的作用；將零配件組裝成整體商品以便直接銷售；將蔬菜、肉類洗淨切塊以滿足消費者要求；等等。

6.為提高加工效率和原材料利用率的流通加工

許多生產企業對某些商品的初級加工由於單個企業的所需數量有限，難以投入先進科學技術，無法實現規模效益和提高加工效率。這一問題往往可以通過在流通領域集中加工的形式來解決，以一家流通加工企業代替若干生產企業的初級加工可以大大提高加工效率。

流通加工還有利於提高原材料利用率，因為它具有綜合性強、客戶多的特點，可以針對不同客戶的需求，實行合理規劃、合理套裁、集中下料等辦法，有效地提高原材料利用率，減少損失。

7. 生產流通一體化的流通加工形式

依靠生產企業與流通企業的聯合，或者生產企業涉足流通，或者流通企業涉足生產，形成對生產與流通加工進行合理分工、合理規劃、合理組織，統籌進行生產與流通加工的安排，這就是生產流通一體化的流通加工形式。這種形式可以促成產品結構及產業結構的調整，充分發揮企業集團的經濟技術優勢，這是近年來流通加工領域出現的新形式。

三、流通加工的合理化

流通加工合理化是指連鎖業通過有效的組織管理，在充分考慮流通加工和其他物流要素關係的基礎上，合理地選擇加工的地點、方式和手段等，實現流通加工的最優配置，以提高物流的整體效益。連鎖業實現流通加工合理化主要應考慮以下 5 個結合。

1. 加工和配送結合

這是將流通加工設置在配送點中。一方面按配送的需要進行加工，另一方面加工又是配送業務流程的組成部份。加工後的商品直接投入配貨作業，無須單獨設置一個加工環節，從而使流通加工與配送巧妙地結合在一起。同時，由於配送之前有加工，可使配送服務水準大大提高。這是連鎖業流通加工的重要形式。

2. 加工和配套結合

不少商品的使用有較高的配套要求。雖然客戶能自行進行配套，但這會耗費客戶的時間和精力，給客戶帶來不便。但是，可通過適當的流通加工來解決這個問題。這樣不僅可以有效促進配套，滿足客戶的需求，而且還可以促進銷售，提高企業的經濟效益。

3. 加工和運輸結合

在幹線運輸及支線運輸的結點設置流通加工環節，可以有效解決大批量、低成本、長距離的幹線運輸和多品種、少批量、多批次的末端運輸之間的銜接問題，促進兩種運輸形式的合理化。例如，以流通加工點為核心，可組織對多客戶的配送。也可以在流通加工點將運輸包裝轉換為銷售包裝，從而有效銜接不同目的的運輸方式。

4. 加工和促銷結合

在連鎖業經營中，通過流通加工來促進銷售，使商流更加合理化，這是流通加工合理化考慮的重要方向之一。例如，連鎖業可以通過改變包裝的加工，形成方便消費者的購買量；通過合理的組裝加工解決客戶使用前進行組裝、調試的困難，等等。

5. 加工和節約結合

如何減少能源、設備和人力的耗費，降低物流成本是流通加工合理化考慮的重要問題，也是連鎖業設置流通加工、考慮其合理化的基本要求之一。因此，流通加工要與節約相結合，在滿足消費需求的前提下，盡可能地節約人財物力。例如，對淨菜進行加工不僅能方便消費者保存和使用，而且可以節約配送運輸量。

第十二章

物流中心的訂單管理

一、訂單管理的意義

在物流中心整體作業裏，訂單管理通常都扮演著重要的角色。從本質上講，整個物流過程都是為了完成訂單而發生的，其作業績效影響到物流中心的每項作業，不論是間接的還是直接的；而且，處理訂單的很多環節都直接與客戶打交道。因此，訂單完成的水準高低直接決定了物流中心的服務水準；訂單處理作業效率很大程度上體現著物流中心的運作效率·

物流中心通常在接到訂單之後，才會採取相應的處理措施，開展一系列的物流活動來完成訂單規定的內容。也就是說，由用戶端接受訂貨資料，將其處理、輸出，然後倉庫人員根據處理過的訂單資料開始揀貨、理貨、分類、配送等一連串物流作業，最後按照訂單進行裝車運送。負責客戶訂單處理與客戶關係的部門稱為客戶服務部或業務部，負責庫存控制並向供應商發出訂貨的部門稱為存貨控制部或採購部。接受客戶訂單後，經過訂單處理，開始揀貨、理貨、分類、裝車、出貨等出貨物流作業。而物流中心為繼續營運、滿足客戶商品需求，必須不斷補充庫存，向供應商採購物品，因此有進貨、檢驗、入庫、儲存保管等進貨物流作業。所以物流中心的物流作業可分為進貨物流及出貨物流，但是無論進貨物流還是出貨物流，物流中心每天的物流作業都可以說是直接或間接由訂單處理作業開始的。

訂單處理的正確性、效率性，影響到後續的作業績效。錯誤的訂單處理會引起錯誤的揀貨、配送作業以及事後的退貨、補送作業，這些物品往返的處理成本不是物流中心長期能接受的，而反映在客戶服務水準上也是無法接受的。

二、訂單管理的分類

由於訂單的內容往往涉及企業產品的特性和業務的特色，不同的企業對訂單內容的制定都有所不同。物流中心是為各種各樣的企業提供物流服務的，在面對眾多的交易對象時，就需要針對客戶的不同需求和不同的處理對象，採取不同的處理方法，才能最大限度地利用資源和提高作業效率。在接受訂貨業務的過程中，按交易形態的不同有多種訂單，而不同的訂單有多種的處理方式，即物流中心針對不同種類的訂單有不同的處理流程和方法。

1. 訂單種類

①一般訂單。正常、一般的訂單，接單後按正常的作業流程揀貨、出貨、配送、收款結賬的訂單。

②現銷式訂單。與客戶當場直接交易、直接給貨的訂單。如業務員到客戶處巡貨、訪銷所取得的訂單或客戶直接到物流中心取貨的訂單，例如目前城市的捲煙訪銷方式。

③間接訂單。客戶從物流中心訂貨，但由供應商直接配送給客戶時需要的訂單。

④合約式訂單。與客戶簽訂配送契約而產生的訂單，例如在一定時期內定時配送某種的物品。

⑤寄存式訂單。客戶因促銷、降價等市場因素預先訂購某種物品，然後視需要再決定出貨時所下的訂單。

⑥兌換券訂單。客戶用兌換券所兌換商品的配送出貨時所產生的訂單。

2. 各種訂單的處理方式

①一般訂單。接單後，將訂單資訊輸入訂單處理系統，按正常的訂單處理流程處理，數據處理完後進行揀貨、出貨、配送、物流中心定期進行收款結賬等作業。

②現銷式訂單。訂單資料輸入後，由於物品已經交付給客戶，所以訂單資料不需再參與揀貨、出貨、配送等作業，只需記錄交易資料，以便收取應收款項。或現場將貨款結清，返回物流中心後進行入賬處理。此種方式對出入庫貨品的檢查、核對非常重要。

③間接訂單。接單後，將客戶的出貨資料傳給供應商，由供應商負責按訂單出貨。其中需要注意的是，客戶的送貨單是自行製作或委託供應商製作的，物流中心的管理資訊系統要記錄所有相關單據的資訊，以便保證市場預測時所依據的數據的準確性。

④合約式訂單。到約定的送貨日時，將該筆業務的資料輸入系

統處理以便出貨配送；或在最初便輸入合約內容的訂貨資料，並設定各批次的送貨時間，以便在約定日期系統自動產生需要送貨的訂單資料。

⑤**寄存式訂單**。當客戶要求配送寄存物品時，系統應核實客戶是否有此項物品寄存，若有，則進行此項物品的出庫作業，並且相應的扣除該物品的寄存量。而物品的交易價格是依據客戶當初訂購時所定的單價來計算的。

⑥**兌換券訂單**。將客戶兌換券所兌換的商品配送給客戶時，系統應核查客戶是否確實有此兌換券的回收資料，若有，依據兌換券兌換的商品及兌換條件予以出貨，並應扣除客戶的兌換券的回收資料。

三、訂單管理的檔案內容

訂單檔案資料內容應視實際需求而定，既要考慮上述各種訂單及其處理方式的不同，又要考慮不同作業方式的要求不同，尤其是因為不同的訂單可能有不同的數據要求，有時甚至需要設計成不同的檔案分別存放。例如一般訂單、現銷式訂單、間接訂單等，可能需要分別設檔存放，因為其處理流程相差太多，而且都是應用於一整張的所有出貨物品。至於寄存式訂單、兌換券訂單或合約式訂單通常都是針對一張訂單中的某些出貨品項而言，因此可以增設交易記錄資訊，說明此項出貨物品的訂單種類而不需另外設檔。

1. 檔案資料內容設計

為方便檔案查詢、減少資料重覆，一般將訂單檔案分為訂單表頭文件及訂單明細文件，二者間可以由相關欄位鍵值（key value）來進行鏈結。表頭文件為記錄訂單的整體性資料如訂單單號、訂單日期、客戶代號、送貨位址等，訂單明細文件則記錄每筆訂貨物品的詳細資料，如物品代號、物品名稱、數量、單價等。以下是一般物流中心訂單檔案裏一些基本的資料內容，可供參考。

①訂單表頭 /標題性資料
訂單單號 /配送梯次
訂貨日期 /付款方式
客戶代號 /業務員代號
客戶名稱 /配送要求
客戶採購單號 /訂單狀態
送貨日期 /備註
送貨地址

②訂單明細資料

商品代號；商品名稱；商品規格；商品單價；訂購數量；訂購單位；金額；折扣；交易類別。

2.相關檔案內容

處理訂單數據時，可能需要用到某些相關資料，即使是使用 EOS 接單，也需要考慮相關檔案資料的配合，才能使整個訂單處理作業一體化。用 EOS 的方式接單時，所接收到的訂貨資料若是簡單的訂貨資料，則要轉成內部系統的檔案格式，這時會需要某些相關檔案資料的支援。

下面就針對與訂單處理有關的檔案資料，說明如何配合訂單處理系統而設計欄位資料。

①客戶資料（客戶主文件）

除一般性的客戶資料外，與物流有關或往後訂單處理需用到的特殊資料也應該包括在內：

a. 配送區域。基於地理性或相關性，將客戶按不同區域分類。

例如：

大分類——市內、郊區、長途

中分類——南城、北城、東城、西城等

小分類——朝陽區、豐台區等

b. 配送路徑順序。按街道路線、客戶位置等因素，將客戶分配在各自適當的配送路徑順序。

c. 車輛形態。客戶所在地點的街道，有車輛大小限制，須將適合該客戶的車輛形態放在數據文件中。

d. 卸貨環境特性。客戶所在地點或客戶卸貨位置環境，由於建築物本身或週圍環境的特別限制（如地下室有限高或高樓層），可能造成卸貨時有不同的要求及難易程度，必須把車輛及工具的調度考慮進去。

e. 配送要求。客戶對於送貨時間有特定要求，或有協助上架、貼標等要求時，也應在數據文件中註明。

f. 客戶等級

g. 客戶形態

h. 信用級別

②物品資料

a. 替代性物品。若某物品有替代性物品（同功能不同供應商或不同等級、不同價錢等）應將其建立在數據文件中。

b.物品價格結構。同一物品若分現銷/賒銷等不同的價格，或針對不同客戶形態而有不同的售價，則應將其明確標註在數據文件中。

c.最小訂貨單位。物品若因包裝、儲存、存取等因素，而有最小單位訂貨的要求時，則此訂貨單位也應該在數據文件中標出。

d.單位換算。物品不同包裝單位間的轉換資料·

e.物品單位體積資料

③庫存資料

a.已採購未入庫的數量

b.入庫量

c.出庫量

④促銷資訊

促銷活動是常用的營銷手段,物流中心在系統的設計上也應該加以考慮。促銷活動可概括為下面三種：

a.贈品。買什麼送什麼(買 A 送 B)買多少 A 物品送多少 B 物品。這種隨貨附贈或隨量贈送的促銷方法，不僅可提高銷售量，也可以將較不暢銷的物品搭配銷售，因此是使用最廣泛的一種促銷方式。對於這些促銷資訊，如物品促銷時間、促銷條件、購贈物品等資料，都應輸入系統保留。

b.兌換券。這是將兌換券附於物品包裝內的促銷方式，也是日常較為常見的促銷方式。關於這些兌換券的資料，如兌換有效時間、兌換條件、兌換物品等，都應該建立檔案。

c.價格/數量折扣。購買數量越多單位價格越低，這是鼓勵客戶大量採購；或清倉特賣期間，降價出售等非屬贈品的折扣促銷方式。若客戶訂購某金額或某數量物品享受到了價格折扣，就應該在相關資料中有所反映。

⑤客戶寄存資料。 客戶因促銷期間大量訂購但先寄放在倉庫中，還未出貨的資料。

⑥流通加工（分裝/重包裝/贈品包裝）。 客戶要求重包裝（如禮盒），或贈品的包裝等資料。

⑦客戶應收賬款。

四、訂單管理的輸入

接到客戶的訂貨訂單後，應該緊接著將此資料輸入訂單管理系統。訂單的輸入有兩種方法：

1. 人工輸入

長久以來，利用人工將業務員帶回的訂單、客戶電話、傳真、郵寄等訂貨資料輸入電腦，是多數企業所使用的方法。但這種方式所需的人工成本較高，而且也不能保證效率和準確性。隨著業務規模的增大和訂單的大量增加，以及所定物品的種類越來越繁雜，訂貨前置時間的縮短，使人工輸入方式暴露出越來越多的弊端。尤其像大型物流中心，平均每天有上百張的訂單和上千筆的訂貨物品，其資料均需一一輸入電腦，若碰上尖峰訂貨時間，面對倍增的訂單，現有的人力就顯得分身乏術，而作業正確性也會大幅度下降。訂單資料輸入的準確性，關係著後續的整個物流作業的績效。根據錯誤的訂貨資料做出的任何後續工作，即使如何有效率、如何正確仍是白忙一場，而且輸入速度的快慢，也影響到整個配送的前置時間。這些都是近來電子訂貨作業興起的原因。

雖然通過電子方式訂貨的聯機輸入方式，可解決人工輸入的準確性、速度等問題，但需要較高的資訊化水準，限於實際條件，國內目前多數企業仍使用人工方式輸入訂單資料。關於如何提高人工輸入作業的準確性和速度，可以從以下幾方面著手：

①**加強系統的自動核查或提示功能**。對於需要輸入的訂貨資料（如物品代號或名稱、客戶編號或名稱、物品售價、物品庫存等），設定自動核查功能，防止由於人員疏忽所引起的錯誤；或設置自動提示功能，以便員工線上查詢，提高輸入速度及正確性。對於數量偏大的訂單進行特別提示，避免在重要業務中出現偏差。

②**使用訂貨簿**。可將物流中心銷售的物品加以分類（依物品特性或出貨頻率等），將各類別物品的物品資料（物品代號、名稱等）作成訂貨簿，方便人員輸入時查詢；或把物品代號作成條碼，就可以直接利用光筆掃描，減少操作人員的輸入錯誤。當物品代碼數位多或過於複雜、不易記憶時，利用條碼也能夠加快輸入速度。

③**訂貨作業平均化，減緩訂貨高峰時段**。物流中心的出貨資料通常在出貨日或出貨日的前一天才知道，而且出貨量幾乎每天都在變化。這種不確定性使物流中心的作業不能像一般製造業那樣，可以將作業安排日程化、平均化，這也就是為什麼物流系統常會有高峰訂貨時段。或許這種多變的訂貨特性是物流系統本身的特性，但觀察高峰訂貨時段發生的原因，儘量避免高峰時段的產生，就有可能將物流中心的高峰訂貨量加以平均化。

由於物流中心的特性不同，可能會有不同的高峰訂貨時間，但就整體而言，我們可以歸納出造成高峰的幾個較常見的原因：

①**截止到訂貨時間**。若設定訂貨截止時間，在這時間的前一小

時通常會出現大量訂單，為避免這種巨額的訂單在某一時刻湧入，可以將客戶分類，為每類客戶設訂不同的訂貨截止時間，來分散高峰訂貨量。

②賬款結算日。 若設定賬款結算日，則結算日的後一天，也常有大量訂單出現，可設定多種結算日期，以分散高峰時段的擁擠。

③節日或假日。 節日或假日的前後時間，通常也是訂貨量較多的時段，不過這種因季節性或因消費者需求形態引起的高峰訂貨量較不易控制，只能由人員調用或系統功能加強來加以調控。

2. 聯機輸入

結合電腦與通信技術，將客戶的電子訂貨資料通過電信網路直接轉入電腦系統，可以省卻人工輸入這一環節。電子訂貨方式即為聯機輸入，但是如果傳送的資料格式不是雙方約定的標準，仍然需要經過轉換，文件才能進入訂單管理系統。聯機輸入有供需雙方電腦直接聯機的撥接式傳輸方式，稱為 EDI（electronic data interchange），這種方式需要雙方約定訂貨資料傳送時間。如果通過互聯網的 E-mail 傳輸功能，那麼物流中心便可以隨時接收客戶的電子郵件訂單，增加接單時間的靈活度。

五、訂單的揀配

物流中心的服務目標在於能夠提供「適品」、「適量」、「適價」、「適時」、「適所」(5R)的服務，然而物流中心的資源，不管是人、物品、設備等都是有限的，在面對多變、不定的客戶需求時，要能面面俱到，達到百分之百的服務水準，不是件容易的事。因此，如何將有限的資源作進行合理的分配，是各企業追求的目標。這一目標反映到訂單處理上，便是如何將現有的庫存作最好的分配。

訂單資料輸入系統，確認無誤後，最主要的處理工作就是如何將大量的訂貨資料進行有效的匯總分類、調撥庫存，以便後續的物流作業能順利、高效的開展。

1. 分配模式

存貨的分配調撥，可分為單一訂單分配及批次分配。

①單一訂單分配。 這種模式一般用於線上的即時分配，即在輸入訂單資料時，就將存貨分配給該訂單。

②批次分配。 累積匯總數筆的已輸入訂單資料後，再一次分配庫存。物流中心因訂單數量多；客戶類型等級多，多採用一天固定配送次數，因此通常採用批次分配，確保能最佳分配庫存。

採用批次分配時，需注意訂單的分批原則，即批次的劃分方法。隨著作業的不同，各物流中心的分批原則也有可能不同，主要有下面幾種方法：

a. 按接單時段劃分。將整個接單時段劃分成幾個區段，若一天有多個配送時段，可配合配送時段，將訂單按接單先後分為幾個批次處理。

b.按流通加工需求劃分。將需加工處理或需相同流通加工處理的訂單匯總一起處理。

c.按配送區域/路徑劃分。將同一配送區域/路徑的訂單匯總一起處理。

2.參與分配訂單的範圍

如果訂單是按正常步驟進行操作的，那麼整個處理過程會按照事先設定的流程進行，並準時出貨。但是在現實中常常會發生一些意想不到的情況，導致一些訂單處理無法按正常步驟進行，因此在分配訂單時，要考慮這些因故未能按時出貨的訂單是否繼續參與分配。

①延遲交貨訂單

因缺貨而順延的訂單，現在是否已有庫存，有的話是否參與分配，完成出貨。

②前次已參與分配的未出貨訂單

對於已經參與了庫存分配，卻因故未出貨的訂單，是否重新分配庫存。

③缺貨補送訂單

對於客戶前張訂單上的缺貨物品，這次是否已有庫存，這些缺貨資料是否參與分配，以便補送出貨。

④解除鎖定訂單

在訂單資料輸入後進行核查及確認處理的作業環節中，由於某些條件不符被鎖定的資料，事後經再次審核通過，解除鎖定的訂單資料是否參與當次庫存分配。

⑤遠期訂單

對於一些還未到交貨期限的訂單，系統應自動追蹤其交貨日期，以便在交貨日自動將其納入參與分配範圍，做到按時交貨。

3. 多倉/多儲位/多批號的庫存分配選擇

若物品存放地點有多個倉庫、多個儲位或有多個批號時，則在分配庫存時應該考慮如何選擇適當的出貨倉庫、出貨批號、出貨儲位，以便達到適時（選擇離客戶最近的倉庫出貨）、適品（即批號或儲位的選擇，做到先進先出）的配送。

4. 分配順序

選定參與分配的訂單後，如果訂單中某物品的總出貨量大於庫存量，那麼就要考慮完成訂單的先後順序問題了。下面的幾個排序準則，可以利用其中之一，也可以把幾個因素綜合起來加以考慮。

①具有特殊優先權的訂單。對於一些例外的訂單，如上述的缺貨補送訂單、延遲交貨訂單或遠期訂單，這些在前面就已經允諾交貨的訂單，或客戶提前預約的訂單，都應有優先取得存貨的權利。因此，當存貨已補充或到交貨期限時，這些訂單比其他訂單具有優先分配權。

②依客戶等級。

③依交易量/交易金額。

④依客戶信用狀況。

⑤分配後發生異常情況的處理。

庫存分配後，如果發生缺貨，對這些因缺貨而未完成的訂單應妥善處理：

①重新調撥。訂單間互相重新調撥，但須告知客戶，並徵求其

同意。

②補送。客戶若允許缺貨配送，並且同意缺貨的物品可以等待有貨時再予以補送，或納入下一次訂單予以補送，就將這些缺貨資料記錄成文件。

③延遲交貨（順延）。客戶若不允許缺貨配送，但同意將整張訂單延後配送，則需將這些順延的訂單記錄成文件。

④轉至下一次訂單。客戶若不允許缺貨配送，但同意將整張訂單延後合併到下一次的訂單，這些訂單資料也必須記錄成文件。事實上，有多種處理缺貨訂單的方法，但無論採用何種方法都必須跟客戶溝通協調，或之前即與客戶有所約定。這樣就可以將這些突發狀況的處理納入訂單管理系統，以減少客戶的二次損失，儘量挽留客戶。

六、訂單的跟蹤管理

訂單經由接單作業開始，進入物流中心，經過輸入、查核確認、庫存分配等處理，最後產生出貨指示資料，然後開始揀貨、出貨配送最後經由客戶簽收、取款結賬等循環作業，整個訂單資料的處理工作在系統裏才能結束，相關的業務數據才能成為系統的歷史資料。系統應該保證訂單在每個節點上的處理按正常流程進行，以及前後節點間的銜接準確無誤。因此，對於實際作業中無法避免的訂單處理的異常情況，系統應隨時加以調整、修正，以維持系統的準確性，以及避免因此造成的損失。由此可見，一張訂單在通過訂單處理、庫存分配、產生出貨指示後，並不意味著訂單處理作業已經結束。訂單上的物品是否按時出貨、按量出貨、已付貨款、發生意外以及意外情況如何處理，都是提升客戶服務水準並掌握營運狀況的重要因素。

要掌握訂單在整個流程中的完成情況，必須先瞭解訂單從進入系統到結束離開系統（或與系統無直接關係）的過程中，訂單狀態如何轉換，以及系統檔案如何設計。

1. 訂單處於何種狀態

訂單進入物流中心後，其狀態隨著作業流程的進行，相應地發生變動。一般可分為下面幾種狀態：

⑴已輸入及已確認的訂單

訂單上的訂貨資料已經輸入系統，而且所有需要確認的條件都已經核查處理完畢，則此訂貨資料即為物流中心已接受的客戶的出貨資料，其中要包括物品項目、數量、單價、交易配送條件等，物流中心要以此資料作為出貨依據，並盡可能按照約定的條件完成出貨。

⑵已分配的訂單

經過輸入確認的訂單資料，即可進行庫存的分配，以確認訂單是否能如數出貨，以及發生缺貨時應如何處理。經過庫存分配的已輸入及已確認訂單，即轉為已分配訂單。

⑶已揀貨的訂單

經過庫存分配，生成出貨指示資料的訂單，即可進行實際的物流揀貨作業，而已列印揀貨單進行揀貨作業的已分配訂單，就轉為已揀貨訂單。

⑷已出貨的訂單

已揀貨訂單，經過分類、裝車、出貨後，變成已出貨訂單。

⑸已收款的訂單

已出貨訂單，經由客戶確認簽收後，即為實際的出貨資料，該資料為應收賬款的依據。根據這些資料的記錄，製作取款發票向客戶收取貨款。取得賬款的出貨訂單，即轉為已收款訂單。

⑹已結賬的訂單

已收款訂單經由內部確認結賬後，即轉為已結賬訂單。已結賬訂單為一歷史交易資料，在系統裏可用於經營管理分析，但不再涉及任何實際的事務性操作，因此可以根據實際需要在系統裏保留一部份資料，其餘的可以存放在磁片、磁帶備用，以免佔據硬碟空間。

上述幾種訂單狀態為物流中心一般訂單的基本處理狀態，物流中心可針對本身作業特性、作業需求加以延伸補充。

2.訂單的檔案

在劃分訂單進行狀態後，系統檔案應當如何設計以便準確地反映訂單完成情況，以及當不同狀態的訂單進行轉換時如果發生異常情況應該如何處理、並記錄在案，也應該納入考慮範圍之內。

⑴訂單狀態

要掌握訂單狀態，可以針對每種狀態設計相對的檔案，但較有效的作法是在訂單數據文件（預計銷售資料文件）中增設一個狀態記錄欄位，每當訂單改變其狀態時，同步更改狀態欄位的狀態記錄。

⑵相關檔案設計

①預計銷售資料及不合格資料

客戶的原始訂單資料或電子訂貨接收的電子訂貨資料進入訂單處理系統經過確認核實後，將正確的訂單資料記錄為預計銷售資料文件；而不合格的訂單資料記錄為不合格資料文件。

②已分配未出庫的銷售資料及缺貨資料、轉錄資料、補送資料

預計銷售資料經過庫存分配後，轉為已分配未出庫銷售資料。而分配後缺貨的物品資料記錄為缺貨資料文件；缺貨的訂單若要合併到下一張訂單則記錄為合併訂單文件，若有庫存時予以補送則記錄為補送訂單文件。

③已揀貨未出庫銷售資料

已分配未出庫銷售資料經過列印揀貨單後轉為已揀貨未出庫銷售資料，如果揀貨後發現缺貨的物品資料記錄為缺貨資料文件；缺貨的訂單若要合併到下一張訂單則記錄為合併訂單文件，若有庫存時予以補送則記錄為補送訂單文件。

④在途銷售資料

已揀貨未出庫資料，出貨配送後即轉為在途銷售資料

⑤銷售資料

在途銷售資料，經過回庫確認修改後即轉為銷售資料，此為實際的銷售資料，為應收賬款系統的收款資料來源。

⑥歷史銷售資料

銷售資料，經過結賬後即為歷史銷售資料。

3. 訂單的查詢列印

當訂單的狀態及相關檔案記錄完畢後，就可以隨時查詢並列印訂單的狀況資料，如：

⑴訂單狀態明細表

⑵未出貨訂單明細表

⑶缺貨訂單明細表

⑷未取款訂單

⑸未結賬訂單

4. 異常情況下的訂單處理

掌握訂單狀態的變化並詳細記錄各階段相關的檔案資料後，對於訂單處理過程中發生的異常情況便能採取更加及時、合理的措施。只要瞭解了訂單發生異常時所處的狀態，再對相關檔案進行修正處理，系統就可以對該訂單改變原作業流程，正確處理突發狀況。下面以幾種發生異常情況的訂單為例，說明應該如何處理。

⑴客戶取消訂單

客戶取消訂單，常常會造成許多損失，因此，在業務處理上需要與客戶就此問題進行協商。但就訂單系統內部來看，如何處理此筆取消交易的訂單？該訂單目前處於何種作業狀態？在系統那個檔案裏？只要掌握了這些資訊，處理起來相對就輕鬆多了。由此也可以看出掌握訂單狀態的重要性。

若目前訂單處於已分配未出庫狀態，則應從已分配未出庫銷售資料裏找出此訂單，將其刪除，並恢復相關品項的庫存資料（庫存量/出庫量）；若此訂單處於已揀貨狀態，則應從已揀貨未出庫銷售資料裏找出此筆訂單，將其刪除，並恢復相關品項的庫存資料（庫存量/出庫量），且將已揀取的物品按揀貨的相反順序放回揀貨區。

⑵客戶增訂

如果客戶在出貨前臨時打電話來增加訂購某物品項目，則涉及幾個問題：是否可以增加？時間是否允許？如果可以，如何將此增訂項目加入原訂單？那麼，作業人員要先查詢客戶的訂單目前處於何種狀態，是否還未出貨，是否還有時間再去揀貨。如果接受增訂，則應追加此筆增訂資料。若客戶訂單處於已分配狀態，則應修改已分配未出庫銷售資料文件裏的這筆訂單資料，並更改物品庫存檔案資料（庫存量/出庫量）。一般在小型物流中心，訂單狀態的確認是由訂單處理人員直接與倉儲管理人員進行溝通，然後做出決定。而大型的物流中心訂單的狀態由資訊系統反映，或有時間嚴格約定，訂單處理人員依此做出回應。

⑶揀貨時發生缺貨

揀貨時發現倉庫缺貨，則應從已揀貨未出庫銷售資料裏找出這筆缺貨訂單資料，加以修改。若此時出貨單據已列印，就必須重新列印。

⑷配送前發生缺貨

當配送前裝車清點時才發現缺貨，則應從已揀貨未出庫銷售資料裏找出此筆缺貨訂單資料，加以修改。若此時出貨單據已列印，就必須重新列印。

⑸送貨時客戶拒收/短缺

配送人員送貨時，若客戶對送貨品項、數目有異議予以拒收，或是發生少送或多送等情況，則回庫時應從在途銷售資料裏找出此客戶的訂單資料加以修改，以反映實際出貨資料。

5. 訂單資料分析

通過建立訂單資料檔案，並進行整理、分析，物流中心可以獲得大量的商業資訊。這些資訊對客戶而言也是極其重要的，例如：

⑴物品銷售量

⑵每種物品的市場銷售情況

⑶客戶等級

⑷每位客戶的訂貨特點

⑸訂單處理過程中每個環節的情況

⑹每種物品的庫存情況

⑺物流中心的作業效率

心得欄 --

第十三章

物流中心的揀選管理

一、揀選作業的規劃

配送的主要功能要素是配貨和送貨。送貨的決策及指揮雖然是物流中心完成的，但是其實施卻在物流中心之外，是在物流網路的「線」上實現的。因此，配送的主要功能要素，集中在物流中心內實現的，就是為實現配送所必須的分貨、配貨等理貨工作。這也成了物流中心的核心工序。將物流中心存入的多種類產品，按多個用戶的多種訂貨要求取出，並分放在指定貨位上，完成各用戶的配貨要求，這項活動稱為揀選作業。

揀選作業是很複雜、工作量很大的活動，尤其是在用戶多，所需品種規格多，而需求批量又較小時，假如需求頻率又很高，就必須在很短時間內，完成分揀配貨工作。所以，如何選擇分揀配貨技術、如何高效率完成分揀配貨，在某種程度上決定著物流中心的服務質量和經濟效益。

儘管在物流中心還有保管、包裝、流通加工等技術，但那些都不反映物流中心的本質特點，只有分揀配貨技術，包括揀選式技術和分貨式技術才是物流中心的核心技術。

1. 揀選作業的設計

圖 13-1　揀選用及培植設計

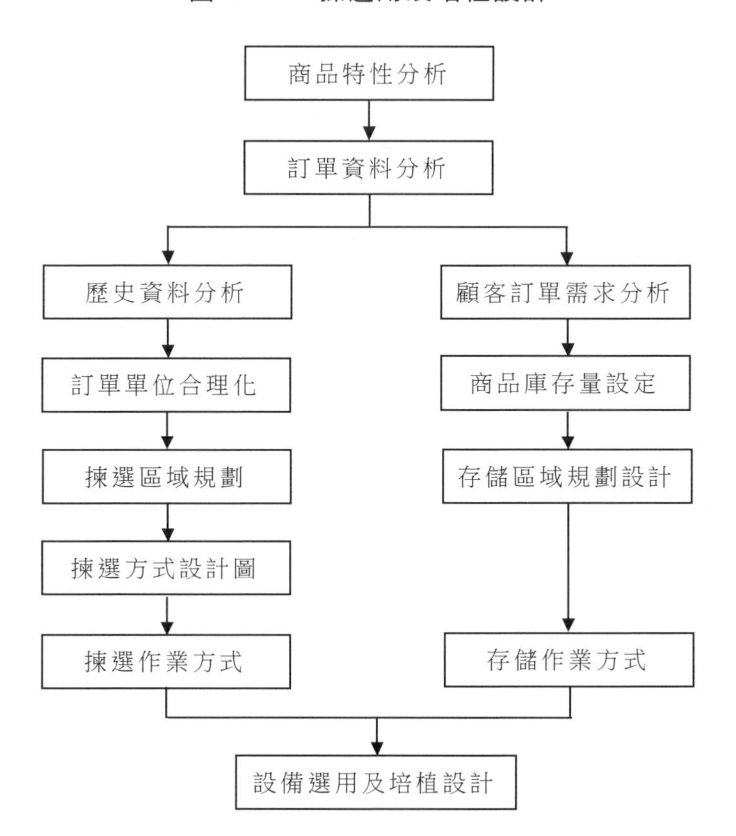

2. 物流單位規劃與揀選作業模式和設備

表 13-1　物流單位與揀選作業模式

模式	存儲單位	揀貨單位	記錄	設備配置
1	託盤	託盤	P→P	(a)立體自動倉庫 (b)託盤重力貨架 (c)託盤貨架 (d)移動式託盤貨架
2	託盤	託盤+箱	P→P+C	(a)單層（揀貨方式的系統，即把堆疊託盤上的貨箱一層層地自動卸棧的方式） (b)託盤平置堆疊 (c)駛入式貨架 (d)附輸送機貨架
3	託盤	箱	P→C	1. 適合此模式的自動揀貨設備 (a)利用機器手揀貨方式 (b)從立體自動倉庫把託盤取出，在該處把貨箱揀出後，再把託盤送回貨架上的方法；或揀貨員乘坐在立體倉庫的高架存取車上揀貨 (c)高架存取車上揀貨 2. 以人手來揀貨時，可使用以下設備： (a)託盤貨架 (b)託盤重力貨架
4	箱	箱	C→C	(a)重力貨架和輸送機 (b)自動化移動貨架 (c)立體自動倉庫 (d)旋轉貨架

續表

5	箱	箱+ 單品	C→C+B	(a)輕型貨架 (b)簡單式重力貨架
6	箱	單品	C→B	多品種少批量揀選的代表性模式： (a)帶燈光顯示裝置的重力流動式貨架 (b)旋轉貨架 (c)電腦輔助揀貨台車 (d)自動分揀系統
7	單品	單品	B→B	(a)利用機器人來揀貨 (b)自動販賣機型的揀貨機 (c)附顯示裝置的台車 (d)貯物櫃

3. 揀選作業區域規劃

由於揀選作業是整個配送作業的核心部份，所以揀選作業系統的佈局模式對揀選作業效率的影響非常重要。以下是連鎖超市物流中心的主要佈局模式：

表 13-2　揀貨區規劃主要作業模式

揀貨區規劃	作業方式	揀貨量	出貨頻率	適用類型
揀貨區與倉儲區分區	由倉儲區補貨至揀貨區	中	高	零散出貨、拆箱揀貨
揀貨區與倉儲區同區分層規劃	由上層倉儲區補貨至下層揀貨區	大	由	整箱出貨
揀貨區與倉儲區合併	另設倉儲區，直接在儲位上進行揀貨	小	低	少量零星出貨

⑴儲區和揀選區合一的模式

存儲貨架和揀選貨架不分開，即直接從存儲保管區的貨架揀取商品，不通過專門的揀選貨架，具體包括以下兩種模式：

①使用兩面開放式貨架。

貨架的正面和背面呈開放狀態，兩面可以直接存放或揀取商品，或者可以從一面存入，從另一面取出。還可以配合傳送帶進行作業，商品可以按先進先出原則流向揀選區。由進貨→保管→揀貨→出貨都是單向通行的流動線，在入貨區把貨品直接從貨車卸於入庫輸送機上，入庫輸送機就自動將貨品送到存儲區。在存儲區採用流力貨架來保管貨品，作業員在流力貨架補給側將貨品放入，貨品自動地流向揀貨區側，提高了揀貨效率。而在揀貨區，因所有物品皆被整齊地排列，故很容易進行揀貨。揀貨後，將所揀完的貨品立即放在出庫輸送機上，出庫輸送機自動把貨品送到出貨區。

此模式的優點：

- 使用流力貨架，僅在揀貨區的通路側上行走就可揀出各種貨品。
- 使用出庫輸送機，可減少揀貨作業走行距離。
- 入出庫輸送機分開，可同時進行入庫、出庫的作業。

②使用單面開放式貨架。

貨架只能從單面存取貨物，商品的入庫和出庫必須在貨架的同一側進行作業，由同一條輸送帶送入送出商品。這種模式可以節省貨架的佔用空間，但入庫作業和揀選出庫作業時間必須分開，容易造成作業衝突和作業錯誤。所以，出入庫非常頻繁和拆零作業比例較大的連鎖業，物流中心適合採用這種佈局模式。

③貨架上下層分開作業方式。

針對上述基本模式，若想在有限的空間處理大規模的貨品，也可考慮採用增設閣樓式貨架的方式，下層規劃較大型貨架，採用 P→C 揀貨模式；上層負重輕，安排小型貨架，採用 C→C 揀貨模式。用上下層將不同貨品分開處理，不僅提高空間利用率，同時可將 P→C 與 C→C 兩種揀貨模式組合起來，是比較流行的應用方案。

⑵存儲區與揀選區分離模式

將商品的存儲功能與揀選功能分離，商品入庫後保管在存儲保管區，揀選前先由存儲區通過「補貨作業」，將商品補充到揀選貨架上，再從揀選貨架上揀取商品。此模式適用商品品種數量較大、進出的物流單位較大、進出頻率較高，而且出貨單位屬於拆零的商品揀選。例如：以託盤或箱為單位進貨，以內包裝和單品為單位出貨的商品，可以通過補貨拆裝後補充到揀貨區，再在揀貨區揀取貨物。

存儲區與揀選區分離的優點：

- 實施有效的庫存管理，提高相關作業的效率。
- 減少揀選作業的行走距離，提高揀選作業效率。
- 對商品的存儲和揀選儲位進行分類，實施 ABC 管理，優化作業功能。

二、揀選作業的流程

1. 揀貨作業基本原則

揀貨作業除了少數自動化設備的應用外，大多是靠人工勞力的密集作業，因此在設計揀選作業系統時，使用工業工程方法相當普遍。通過長期的實踐總結出揀選的基本原則，可以在揀選作業系統設計時加以應用：

⑴不要等待——零閒置時間。

⑵不要拿取——零搬運（多利用輸送帶、無人搬運車）。

⑶不要走動——動線的縮短。

⑷不要思考——零判斷業務（不依賴熟練工）。

⑸不要尋找——儲位管理。

⑹不要書寫——免紙張（paper-less）。

⑺不要檢查——利用條碼由電腦檢查。

2. 揀選作業的流程分析

圖 13-2　揀選作業的流程圖

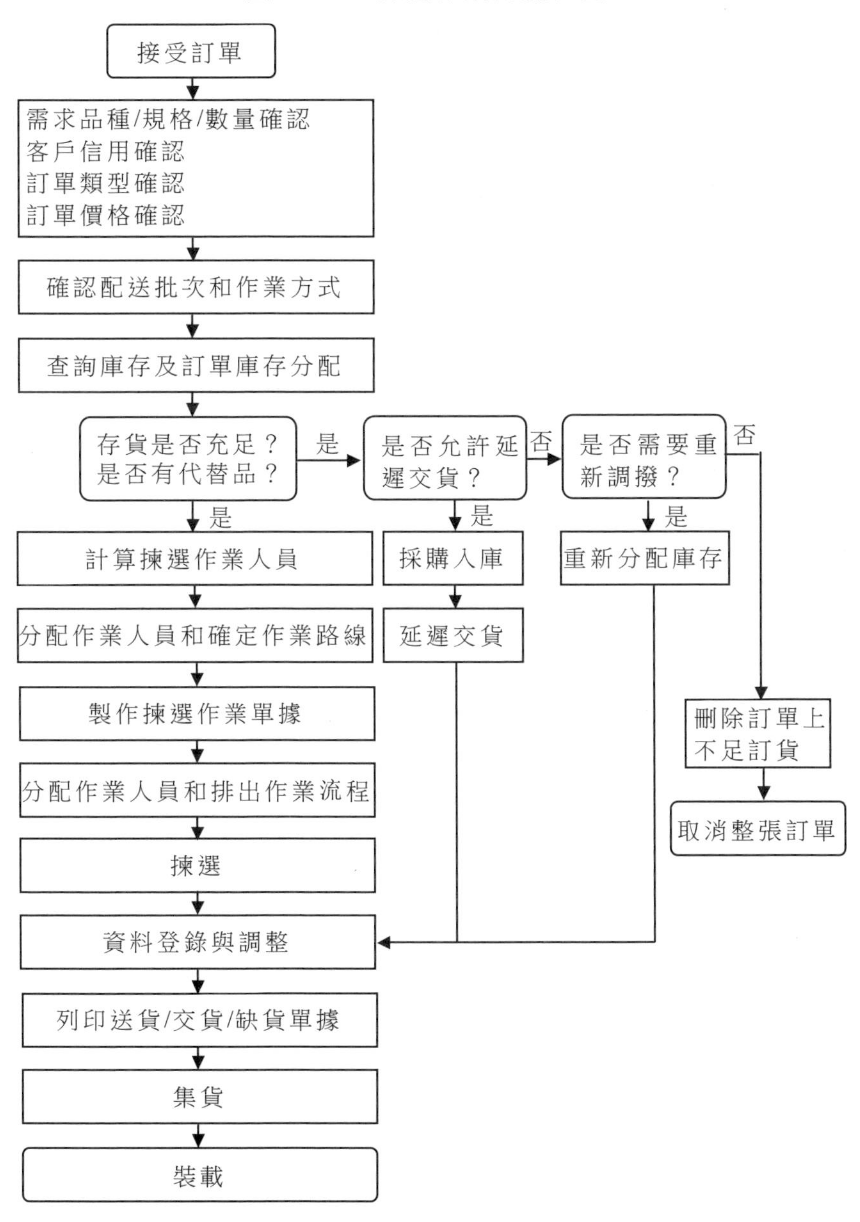

3. 揀選作業的資訊傳遞過程

為提高揀貨效率，就必須縮短揀貨時間及行走距離，降低揀錯率。揀取作業時能否迅速地找到需揀取貨品的位置，資訊指示系統、儲位標識與位置指示非常重要。

揀選作業首先需要將作業資訊有效地傳遞給作業人員，揀選作業的資訊傳遞方式主要有以下幾種：

⑴訂單傳票

直接以客戶訂單或以物流中心送貨單作為揀選作業指示憑據。這種方法只適合訂購數量較小和批量較小的情況。由於訂單在作業時容易受到汙損，比較容易導致作業錯誤。

⑵揀貨單

將客戶訂單輸入電腦系統，進行揀貨資訊生成，並列印揀貨作業單。揀貨單的優化主要取決於資訊系統相應的支援功能。

⑶燈光顯示器

通過安裝在儲位上的燈光顯示器或液晶顯示器傳遞揀選作業資訊，該系統可以安裝在重力貨架、託盤貨架和輕型貨架上，以提高揀選作業的效率和準確率。

⑷無線通信（RF）

通過在堆高機等裝置上安裝無線通信設備，把應該從那個儲位揀選何種商品和數量的資訊即時通知揀選作業者，此系統適應大批量的揀選作業。

⑸電腦輔助揀選車

通過在堆高機等裝置上安裝電腦輔助終端機，向揀選作業者傳遞揀選作業指令，此系統適應多品種、小批量、體積小、價值高的貨品揀選。

⑹自動揀貨系統

4. 揀貨單

在設計揀貨單時應根據貨架編號、貨號、數量、品名安排順序，以免揀貨時產生混淆。應避免發生以下缺點：

表 13-3　揀貨單設計應避免的缺點

項目	說明
一位多物	即數種貨品放在同一儲位時，按貨架編號指示揀取的準確性受到影響
一號多物	外包裝相同，但顏色、花樣不同的商品，當使用相同的商品編碼時，則無法利用貨號來揀取貨品。因此，在建立貨品編號時，應預留貨品碼數，以區分貨品的顏色、花樣等
單據數字混淆揀錯	若揀貨單的上下行或相鄰列容易混淆，看錯數量而揀取錯誤，則應多考慮利用電腦輔助揀貨設備或是以編號明確區分，以降低失誤

表 13-4　訂單揀取作業單

揀貨單號：　　用戶訂單號：　　揀貨時間：　起　止
用戶名稱：　　覆核時間：　起　止
揀取儲位：　　揀貨員簽名：
出貨日期：　　覆核員簽名：

序號	儲位號碼	商品名稱	商品編號	包裝單位				揀貨轉換	揀取數量	備註
				箱	盒	散品	零裝總數			
合計										

三、連鎖業的揀選作業模式

1. 訂單別揀選模式

⑴訂單別揀選的優缺點

針對每一張訂單，揀選人員或揀選工具巡迴於各個存儲點將所需的物品取出，完成貨物配備的方式，是較傳統的揀貨方式。

圖 13-3 訂單別揀選流程

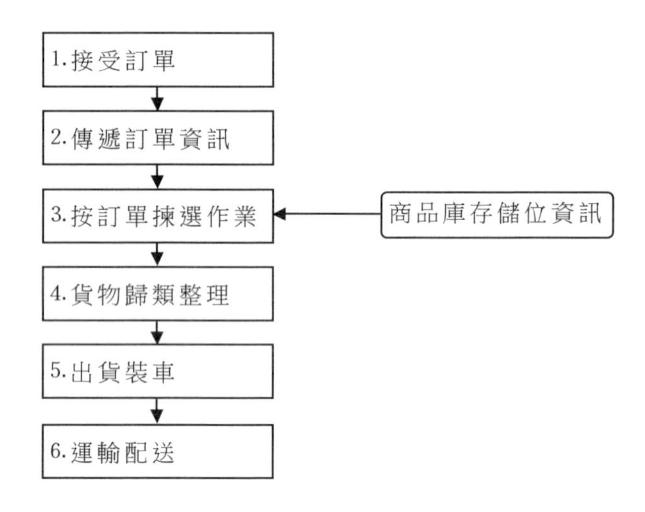

①優點：

· 作業方法單純。

· 前置時間短，針對緊急需求可快速揀選。

· 導入容易且彈性大，對機械化、自動化沒有嚴格要求。

· 作業員責任明確，作業分工容易、公平。

· 揀選後無須分類理貨，工序簡化。

②缺點：

· 用戶數量太多時，需串聯等待。

· 商品品項多時，揀貨行走路徑加長，揀取效率降低。

· 揀貨區域大時，搬運系統設計困難。

⑵訂單別揀選適用情況

①用戶不穩定，波動較大，不能建立相對穩定的用戶分貨貨位，難以建立穩定的分貨線。在這種情況下，宜採用靈活機動的揀選式技術，用戶少時或用戶很多時都可採取這種揀選方式。

②用戶之間的共同需求不是主要的，而差異很大，在這種情況下，統計用戶共同需求，將共同需求一次取出再分給各用戶的辦法無法實行。在有共同需求，又有很多特殊需求的情況下，採取其他配貨方式容易出現差錯，而採取一票一揀的方式便有利得多。

③用戶需求的種類太多，增加統計和共同取貨的難度，採取其他方式配貨時間太長，而利用揀選式配貨能起到簡化作用。

④用戶配送時間要求不一，有緊急的，也有限定時間的。採用揀選式技術可有效地調整揀選配貨順序，滿足不同的時間需求，尤其對於緊急的即時需求更為有效。因此，即使是以其他技術路線為主的情況下，仍然需要輔以揀選式路線。

⑤一般倉庫改造成物流中心，或新建物流中心的初期，揀選式配貨技術可作為一種過渡性的辦法。

⑶揀選的裝備配置

適應不同的物流中心裝備水準及用戶要求，以及業務量的大小，物流中心揀選式技術可有以下幾種形式：

①人力揀選+手推作業車揀選。人力揀選可與普通貨架配合，也

可與重力式貨架配合，按單揀貨，直到配齊。

人力揀選的主要適用領域是：揀選量較少，揀選物的個體重量輕，且揀選物體積不大，揀選路線不太長的情況。如化妝品、文具、禮品、衣物、小工具、小量需求的五金、日用百貨、染料、試劑、書籍等。

②機動作業車揀選。揀選員操作揀選車為一個用戶或幾個用戶揀選，車輛上分裝揀選容器，揀選的貨物直接裝入容器，在揀選過程中就進行了貨物裝箱或裝託盤的處理。由於利用了機動車，揀選路線長。

③傳送帶揀選。揀選員固定在各貨位面前，不進行巡迴揀選，只在附近的幾個貨位進行揀選操作。在傳送帶運動過程中，揀選員按指令將貨物取出放在傳送帶上，或置於傳送帶上的容器中，傳送帶運動到端點時便配貨完畢。

④旋轉式貨架揀選。揀貨員於固定的揀貨位置上，按用戶的配送單操縱旋轉貨架，待需要的貨位回轉至揀貨員面前時，則將所需的貨揀出。這種方式介於揀選方式和批量揀選方式之間，但主要是按訂單揀選。這種配置方式的揀選適用領域較窄，只適用於旋轉貨架貨格中能放入的貨物。由於旋轉貨架動力消耗大，一般只適合儀錶零件、電子零件、藥材、化妝品等小件物品的揀選。

2. 批量別揀選模式

⑴批量揀選的原理

把多張訂單集合成一批，按照商品品種將數量匯總後再進行揀取，按照客戶訂單作分類處理的揀選作業方法。

圖 13-4　批量揀取流程

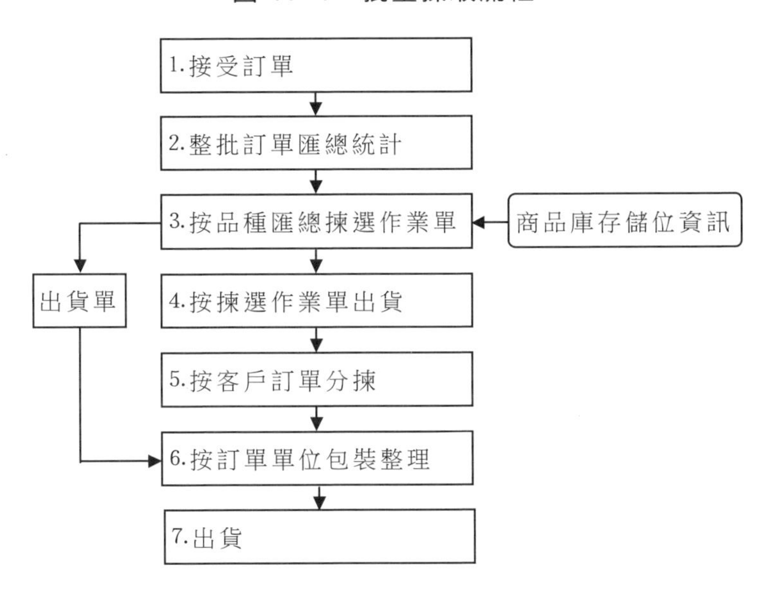

⑵批量揀選的優缺點

優點：

①適合訂單數量龐大的系統。

②可以縮短揀取時行走搬運的距離，增加單位時間的揀貨量。

缺點：

對緊急訂單無法做即時反應，必須等訂單累積到一定數量時才做一次性處理，因此會有停滯時間產生。

只有根據訂單到達的狀況做等候分析，決定出適當的批量大小，才能將停滯時間降到最短。

⑶批量別揀選的訂單原則

一般批量揀選的訂單分批原則如下：

①合計量分批原則：

在揀貨作業前，將所有累積訂單貨物按品項合計總數量，再根據總數量進行揀取的方式。適合固定送貨點的定性配送。

優點：一次揀出商品總量，可使平均揀貨距離最短。

缺點：必須經過功能較強的分類系統完成分類作業，訂單數不可過多。

②時窗分批原則：

如果訂單到達至出貨時間非常緊迫，可利用分批方式，開啟短暫時窗，例如 5 分鐘或 10 分鐘，再將此時間段到達的訂單作為一個批次處理。比較適合密集頻繁的訂單和滿足緊急插單的需求。

③定量分批原則：

訂單分批按先進先出（FIFO）的基本原則，當累計訂單數到達設定的固定量，再開始進行揀貨作業。

優點：維持穩定的揀貨效率，使自動化的揀貨、分類設備得以發揮最大功效。

缺點：訂單的商品總量變化不宜太大，否則會造成分類作業成本上升。

④智慧型的分批原則：

訂單匯總後，由電腦按預先設計的程序，將揀取路線相近的訂單集中處理，求得最佳的訂單分批，可大大縮短揀貨行走和搬運距離。採用智慧型分批原則的物流中心通常將前一天的訂單匯總後，經過電腦處理，在當日下班前產生明日的揀貨單，所以如果發生緊急插單時，處理作業較為困難。

優點：分批時已考慮到訂單的相似性及揀貨路徑的順序，使揀貨效率進一步提高。

缺點：需要較強的資訊系統支援，而且資訊處理的前置時間較長。

⑷批量別揀選的適用範圍

①連鎖業內部的物流中心，用戶都是自營的商店，用戶穩定且數量較多。

②用戶的需求有很強的共同性，貨物種類相同，需求差異較小。為了配合批次作業，可以要求商店按品類和貨架商品群定期向物流中心補貨。

③用戶需求的種類有限，易於統計，且分揀時間不至於太長。

④用戶對配送時間沒有嚴格要求。

⑤適合對效率和作業成本有較高要求的物流中心。

⑥專業性強的物流中心，容易形成穩定的用戶和需求，貨物種類有限，適合採用批量揀選技術。

⑸批量揀選的裝備配置

物流中心批量揀選技術有以下幾種裝備配置方式：

①人力+手推車作業。配貨員將手推車推至一個存貨點，將各用戶共同需要的某種貨物集中取出，利用手推車的機動性可在較大範圍巡迴分放。這種方式是人工取放與半機械化搬運相結合。存貨一般採用普通貨架、重力式貨架、回轉貨架或其他人工揀選式貨架。所分貨物一般是小包裝或拆零貨物。適合人力分貨的有藥品、鐘錶、儀錶零件、化妝品、小百貨等。

②機動作業車分貨。用台車、平板作業車、堆高機、巷道起重機以單元裝載方式一次取出數量較多、體積和重量較大的貨物，然後由配貨人員駕駛車輛巡迴分放。

③傳送帶+人力分貨。傳送帶一端和貨物存儲點相接，傳送帶主

體和另一端分別與各用戶的集貨點相接。傳送帶運行過程中，由存儲點一端集中取出各用戶共同需要的貨物置於傳送帶上，各配貨員從傳送帶上取下該位置用戶所需的貨物，反覆進行直到配貨完畢。這種方式，傳送帶的取貨端往往選擇重力流動式貨架，以減少傳送帶的安裝長度。

④分貨機自動分貨。這是分貨高技術作業的方式，目前高水準的物流中心一般都有自動分揀機。分揀機在一端集中取出共同需要的貨物，隨著傳送帶的運行，按電腦預先設定的指令，通過自動裝置送入用戶集貨終點貨位。

3. 其他的揀選作業模式

⑴複合揀選

複合揀選為訂單別揀選及批量揀選的組合模式。根據訂單單品項數量決定那些訂單適合訂單別揀選方式，那些適合批量揀選方式，由資訊系統分別生成相應的揀選作業單據。

⑵分類式揀選

一次處理多張訂單，且在揀選各種商品的同時，將商品按照訂單分別放置的方式。如此可減輕事後分類的麻煩，以提高揀選效率，較適合每張訂單量不大的情況。

⑶分區、不分區揀選

不論是採取訂單揀選還是批量揀選，為了提高效率，可以配合分區或不分區的作業策略。所謂分區作業就是將揀選作業場地做區域劃分，每一個作業員負責揀選固定區域內的商品，並可根據不同的需要採取不同的分區方式。

表 13-5　分區方式說明表

分區方式	說明
存儲單位分區	將相同存儲單位的商品集中便可形成存儲單位分區
揀貨單位分區	按訂單要求的揀貨單位（揀取託盤或箱）來分區
揀貨方式分區	在同一揀貨單位分區內，如果採用不同的揀選方式及設備，則須作揀貨方式的分區
工作責任分區	先劃出工作分區的組合並預計其產能，再計算所需的工作量

⑷接力揀選

這種方法與分區揀選類似，在確定揀貨員各自負責的商品品種或貨架的責任範圍後，各個揀貨員只揀選揀貨單中自己所負責的部份，然後以接力方式交給下一位揀貨員。採用這種分工合作的方式，主要優點是縮短整體的揀貨動線，減少人員及設備移動的距離，提高揀貨效率。但單據的格式必須明確標識範圍。

⑸訂單分割揀選

當一張訂單所訂購的商品項目較多時，為了提高揀貨效率，縮短揀貨處理週期，將訂單分割為若干子訂單，交由不同的揀貨人員同時進行揀選作業。訂單分割揀選必須與分區揀選配合。

以上的揀選方案應與不同的作業設備和工具配合，同時必須與各種存儲策略配合，才能產生出色的效果。

表 13-6　揀選策略與存儲策略配合情形

存儲策略	揀貨策略							
	訂單別揀選		批量揀選		分類式揀選		接力式揀選	訂單分割揀選
	分區	不分區	分區	不分區	分區	不分區		
定位存儲	○	○	○	○	○	○	○	○
隨機存儲	×	×	△	×	×	×	×	○
分類存儲	○	○	○	○	○	○	○	○
分類隨機存儲	○	×	○	○	○	△	△	○

四、如何改善連鎖業的揀選作業

1. 揀選作業的錯誤原因分析

⑴揀選指示錯誤

表 13-7　揀選作業的錯誤原因分析表

差異類型	原因	原因明細	對策
揀選指示錯誤	儲位指示錯誤。	電腦系統儲位資訊更新延遲；貨品放置錯誤。	加快資訊處理速度；保證儲位即時更新；徹底執行貨品管理。

⑵商品拿取錯誤

表 13-8　揀選作業的錯誤原因分析表

差異類型	原因	原因明細	對策
商品拿取錯誤	看錯商品規格數字；揀取商品規格和數量錯誤。	照明不夠；角度問題；單據問題。	增加照明亮度；以箭頭標識貨架儲位；核對單據格式和列印質量。
	商品不容易識別。	商品代碼接近；商品形狀相似；包裝外形類似。	集中分區管理，加上容易；出錯標誌；相似箱子的顏色管理。
	作業員注意力不集中。	連續作業時間長；噪音太大；身體不適	改良作業環境和作業時間。
	上下層揀取錯誤。	儲位標識置於貨架兩層中央，造成混淆。	明確儲位標識，儲位標識應分別張貼，並標上方向箭頭。
	左右儲位揀取錯誤。	表示器置於柱的中央。	
	作業員無責任感。	對揀取作業的規則不明確。	提高作業積極性。

⑶商品存放差異

表 13-9　揀選作業的錯誤原因分析表

差異類型	原因	原因明細	對策
商品存放差異	放置空間不夠；儲放位置不清楚。	淘汰品與正常商品混合。	增加庫存狀態的管理；設置異常商品儲位。

⑷庫存數據錯誤

表 13-10 揀選作業的錯誤原因分析表

差異類型	原因	原因明細	對策
庫存數據錯誤	無倉卡管理；庫存資料未更新；退貨資料未輸入；無商品條碼；無儲位標籤。	無樣品和商品出庫規則；出庫資料輸入麻煩；無明確退貨處理規則。	實施基礎資訊和庫存資訊的管理維護；使用條碼標籤。

⑸單據錯誤

表 13-11 揀選作業的錯誤原因分析表

差異類型	原因	原因明細	對策
單據錯誤	無店別分類；商品分類和編碼規則錯誤；電腦印刷不明；單據混雜。	商品代碼無一定順序；途中弄混傳票。	選擇最佳分類原則；選擇最好的編碼原則；追加訂單。

2. 揀選作業效率分析

(1)揀選作業效率較低

表 13-12　揀選作業效率分析表

問題類型	原因	原因明細
揀選作業效率較低	物流中心中揀取作業約佔 50%	
揀選作業效率較低	物流單元轉換次數太多	從託盤單元變成箱單元 從箱單元變成單品
	商品包裝不規範，造成揀取困難	商品形狀不規則 無標準包裝 包裝設計未被考慮 商品遲延包裝
	揀取單位過小，拆零過多	單品出庫約佔 90% 零售店要求多品種、小量出庫約佔 10%
	商店配送日程過於集中，出貨波動大	星期日多休息，星期四、五出貨量大
	作業方式缺乏效率，作業速度遲延	員工訓練困難較大，較多兼職作業者 作業形式經常變化 每人處理品種過多
	商品儲位不合理，尋貨距離和時間過長	儲位不確定 商品代碼未按照順序編制，商品儲位不規則 未依據 ABC 原則分配 揀取作業指示不規則 商品代碼未照儲位順序做指示
	手推車速度慢	手推車不靈活，商品重量大
	無工作量效率指標	作業未測定跟蹤
	步行作業多，貨架間距離長，上下樓梯搬運作業過多	作業區缺乏規劃，作業動線需要調整

⑵揀取準確率不高

表 13-13　揀選作業效率分析表

問題類型	原因	原因明細
揀取準確率不高	其他商店商品混入	訂單處理問題 裝載車輛無有效的分隔工具
	商品揀取錯誤	代碼長不易記憶 貨架上下層取錯 貨架左右邊取錯 計數發生錯誤 包裝規格的單位轉換

⑶商品採購及庫存管理不清

表 13-14　揀選作業效率分析表

商品採購及庫存管理不清	商品沒有使用標準包裝，揀取品項過多	新商品增加，但無商品淘汰機制 呆滯商品過多，商品廢棄無原則，廢棄作業耗時間
	訂單中出現淘汰品項	商品淘汰作業缺乏有效性 商品訂貨資訊更新不及時

⑷系統處理速度較慢

表 13-15　揀選作業效率分析表

系統處理速度較慢	單據處理時間過長	列印速度慢，單據數量較大
	輸入資料時間長	輸入無時間管理指標，單據輸入過於集中，造成作業瓶頸
	系統功能不佳	中央數據處理瓶頸 傳送速度較慢 系統不能有效支援作業

⑸設備投資或規劃不當

表 13-16　揀選作業效率分析表

設備投資或規劃不當	設備投資高	揀取作業自動化困難
	未做設備檢討	缺乏物流設備知識 未與合適的供應商接觸

心得欄 --

第 十四 章

物流中心的出貨管理

一、出貨作業的重要性

完成揀取後的商品按訂單或配送路線進行分類，再進行出貨檢查，裝入適當的容器或進行捆包，做好標識和貼印標籤的工作，根據客戶和行車路線等指示將物品運至出貨準備區，最後裝車配送。這一過程構成出貨作業的基本內容。

出貨主要作業流程圖如下：

圖 14-1　出貨作業基本流程圖

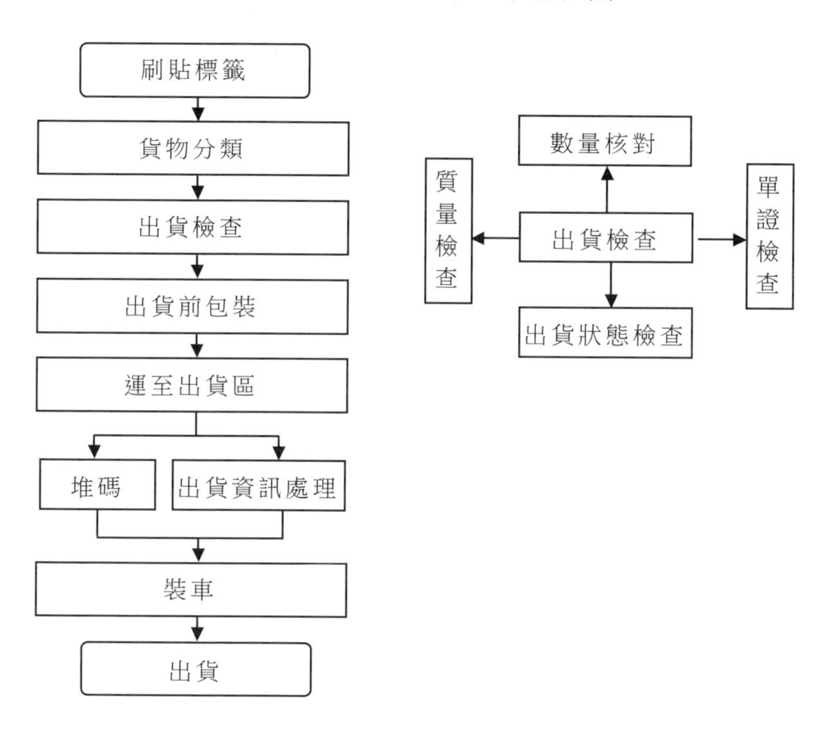

二、出貨管理的分貨作業

在完成揀選作業之後，將所揀選的商品根據不同的顧客或配送路線進行分類；對其中需要經過流通加工的商品，揀選集中後，先按流通加工方式分類，分別進行加工處理，再按送貨要求分類出貨。分貨作業可分為人工分貨和自動分貨。

分貨大多以客戶或配送路線為依據。分貨的方式一般有表 14-1 三種。

表 14-1 分貨方式說明表

處理分類	描述
⑴人工目視處理	完全由人工根據訂單或傳票進行分貨，也就是不借助任何電腦或自動化的輔助設備，將訂購貨品放入已貼好各客戶標籤的貨籃中
⑵自動分類機	自動分類機利用電腦及辨識系統分貨，因而具有迅速、準確、不費力的優點，尤其在揀取數量或分類數量眾多時，更有效率
⑶旋轉架分類	旋轉架的每一格位當成客戶的出貨籃，分類時只要在電腦中輸入各客戶的代號，旋轉架即會自動將其貨籃轉至作業員面前，讓其將批量揀取的物品放入。同樣的，即使沒有動力的小型旋轉架，為節省空間也可作為人工目視處理的貨籃，只不過作業員根據貨架位上的客戶標籤自行旋轉找尋，以便將貨品放入正確儲位中

三、出貨管理的檢查

出貨檢查作業包括根據客戶、車次對象等對揀選貨品進行產品號碼及數量的核對，以及產品狀態及品質的檢驗。

在揀貨作業後的物品檢查，因耗費時間及人力，在效率上經常是個大問題。出貨檢查屬於確認揀貨作業是否產生錯誤的處理作業，所以若能先找出讓揀貨作業不會發生錯誤的方法，就能免除事後檢查，或只對少數易出錯物品作檢查。

表 14-2　出貨檢查方式說明表

出貨檢查方式	作業說明
人工檢查	以純人工方式進行，將貨品一個個點數並逐一核對出貨單，再進而查驗出貨的品質水準及狀態。
商品條碼檢查法	導入條碼，讓條碼跟著貨品跑。當進行出貨檢查時，只將揀出貨品的條碼用掃描機讀出，電腦則會自動將資料與出貨單對比，檢查是否有數量或號碼上的差異。
聲音輸入檢查法	聲音輸入檢查法是一項嶄新的技術，是由作業員發聲讀出貨品的名稱（或代號）及數量後，電腦接收聲音作自動判識，轉成資料再與出貨單進行對比。
重量計算檢查法	這是先利用電腦自動加總出貨單上的貨品重量，將揀出貨品以計重器秤出總重，再將兩者互相對比的檢查方式。能利用裝有重量檢核系統的揀貨台車完成揀取。

四、出貨狀況的調查

有效掌握出貨狀況等於掌握了公司營運的效益，對於作業管理及服務客戶有很大的幫助。出貨資料及形式與出貨狀況調查表如表 14-3 所示。

表 14-3 出貨狀況調查表

項目	平均值	極限值
出貨對象數量		
日均出貨客戶		
日均出貨品項數		
配送車輛類型		
車輛台數/日		
每一車裝貨(出貨)時間		
出貨運送點數		
每年出貨包裝箱數		
出貨所需人員數		
日均出貨的總重或總體積		
出貨形式		
出貨距離		
出貨時間帶：(每一時刻出貨的車數調查)		

五、採用何種出貨的形式

物流中心在揀取方面一般是以託盤、箱、單品為單位。

出貨主要是以這三種形式進行。因此針對不同的揀貨及出貨形式，必須採用不同的作業方式，例如以下分訂單揀取及批量揀取。

表 14-4　出貨的形式

時間：　　日

	揀貨單位	經由作業	出貨單位
訂單揀取	P	捆棧（用包裝膜或繩索固定）	P
	P	卸棧→捆包	C
	C	捆包	C
	B	分類	B
	B	裝箱	C
批量揀取	P	1. 捆棧（託盤物屬同一客戶） 2. 卸棧→分類→疊棧→捆棧 （揀取的託盤物不屬同一客戶）	P
	P	卸棧→分類→捆包	C
	P	卸棧→拆箱→分類→包裝	B
	C	1. 分類→捆包（整箱屬同一客戶） 2. 拆箱→分類→裝箱 （整箱不屬同一客戶）	C
	C	拆箱→分類	B
	B	分類→裝箱	C
	B	分類	B
（P：託盤，C：箱子，B：單品）			

六、控制出貨管理的質量

揀選作業的準確無誤性關係到公司的商譽和顧客關係。揀選作業的效率和對揀選準確性的控制成為管理的關鍵問題。由於出貨作業的環節較多，涉及的各類崗位人員較多，如果發生作業差異，不但影響供應商的結算，而且影響庫存的準確率和後續作業的正常進行。因此，對每個作業環節進行交接和記錄對保證作業的正確性有重要意義。表 14-5 為相關表單。

表 14-5　出貨差異檢查表

序號	客戶名稱	揀選單號	出貨單號	訂單滿足率	整箱數	揀選時間	人時生產力	託盤數	籠車	週轉箱	裝車封鎖時間	封條號	裝車負責人	車輛號	單據交接	司機
合計																

時間	出貨倉管	出貨分店	送貨單號碼	頁碼	倉位號碼	商品名稱及規格	後四位條碼	差異類型	驗貨人	處理結果

錯誤類別：A-數量多；B-數量少；C-出錯貨；D-出漏貨；E-質量問題；F-沖單

七、條碼技術在出貨作業中的應用

揀選、包裝和出貨功能包括多種作業活動。在非條碼的作業系統中，這些活動被視為獨立的功能；然而，在條碼的作業系統中，這些活動會集成為一體。

問題多數來源於公司是否有較多的客戶和是否需要為客戶送貨，以及每張訂單的品種數量。如果每張訂單的品種數量較小，則在作業活動中無需考慮銷售混合（機團銷售和送貨需求），因而揀選作業也是比較單純的作業；如果每張訂單的數量較大，品種數較多，可以使用轉換的方法來執行訂單。

能識別訂單的品種是否被正確揀選，從揀選、送貨和銷售作業到系統庫存更新的遲延時間被縮短或完全消除。商品不會被錯誤識別，因此帳單和庫存準確率接近100%。

(1)小型訂單和櫃檯銷售

如果庫存檢查和單據準備完畢，發票和揀選作業單應有一個訂單編號。但號碼必須同時以條碼和數字標識，如果使用 RF，相關作業可以無紙化，揀選作業員從儲位將商品移動到包裝處或銷售發貨處，在此使用掃描器掃描訂單號碼和每一個品種。對於太小不能貼條碼標籤的品種，可以提供印有條碼的商品目錄，通過與電腦的電子圖像匹配，校驗揀選的準確性。當傳輸處理完畢後，包裝裝置會通知系統並生成裝箱單，如果單據準備不能在揀選作業前完成，揀選作業員可以取出商品，進入銷售終端，掃描條碼和生成銷售清單或發票。

(2)大型訂單和大量揀選

圖 14-2 條碼系統揀取作業流程圖

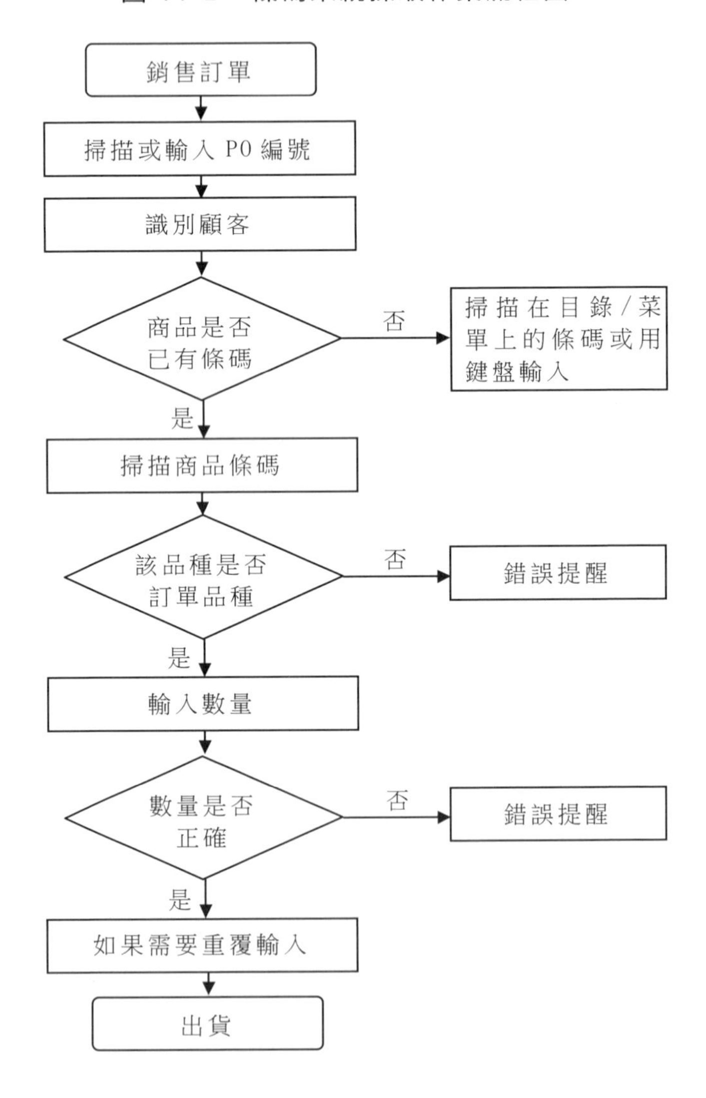

揀選作業員使用帶掃描器的手持終端進入揀選作業區域，訂單已經通過下載或無線傳輸進入主機系統，需揀選的品種和數量會在手持終端顯示。揀選員前往揀選作業儲位，掃描儲位條碼和商品條碼，系統校驗品種是否被正確揀選。揀選完成後，將揀選商品（包括增加和替換的商品）裝箱，揀選員發出完成揀選的信號，電腦會生成相應的單據。

心得欄 ------------------------------

第十五章

物流中心的配送管理

一、配送調度的意義

配送作業在物流中心的總體物流成本中佔較大比例，配送規劃和調度直接影響運輸成本與效率。

配送調度包括許多動態與靜態的影響因素，靜態者如配送客戶的分佈區域、道路交通網路、車輛通行限制（單行道、禁止轉彎、禁止貨車進入等）、送達時間的要求等；動態者如車流量變化、道路施工、配送客戶的變動、可供調度車輛的變動等因素，使得配送規劃更加困難。而且實際調度的前置時間僅有 1～2 小時，最好的調度方式以人工經驗為主，電腦輔助配合。

二、配送作業要考慮的因素

在配送規劃時應主要考慮以下因素：

- 訂單內容的檢查。
- 訂單緊急程度確認
- 送貨處所確認
- 配送路徑如何順路
- 貨品送至客戶手中時間的估計
- 考慮裝卸貨時間以作調整
- 出發時刻調整
- 輸配送手段的選定
- 不同路徑的重量、個數、體積確認
- 輸配送費用。

三、配送作業的管理問題

運輸管理難以控制的可變因素太多，而且因素之間往往又相互影響，是配送管理問題較為集中的區域。主要有以下問題：

⑴從接受訂貨至出貨的週期非常長。

⑵難以制定有效的配送計劃。

⑶配送路徑的選擇不合理，造成配送資源浪費。

⑷配送效率低下，造成車輛利用率較低。

⑸無法按時配送交貨。

⑹配送評價標準不明確，無法對駕駛員實施有效考核。

⑺駕駛員的工作時間不均，產生抱怨。

⑻貨品在配送過程中的損毀與遺失。

⑼配送的差異處理往往與客戶產生爭端。

⑽運輸費用的成本升高。

為了有效地進行運輸管理，可以採取以下相關對策：

表 15-1　運輸管理問題及對策

問題	對策
從接受訂貨至出貨的週期非常長	需要改進揀選的作業方式，提高作業效率
難以制定有效的配送計劃	從客戶訂單開始到調度出貨，未能制定有效的作業時間表，並配合有效的配送調度管理
配送路徑的選擇不合理，造成配送資源浪費	對配送路線重新規劃
配送效率低下，造成車輛利用率較低	需要檢查以下幾方面因素： □交通道路情況 □駕駛員的時間管理 □客戶接貨的作業效率
無法按時配送交貨	需檢查配送時間表是否合理
配送評價標準不明確，無法對駕駛員實施有效的考核	制定明確的駕駛員考核指標，並與駕駛員的薪酬掛鈎
駕駛員的工作時間不均，產生抱怨	合理分配駕駛員的工作量和工作時間
貨品在配送過程中的損毀與遺失	檢查裝車和裝卸的損耗情況
配送的差異處理往往與客戶產生爭端	與客戶之間制定明確的差異測量方式和責任歸屬原則
車輛的維修費和運輸費用較高	加強對駕駛員的培訓教育和車輛維護
車輛安全問題	加強車輛維護和修理，購置車輛保險

四、配送的基本原則

配送是物流中心作業最終及最具體、最直接的服務輸出，配送調度必須滿足配送服務和相關的制約條件，遵循相關原則，並作出配送路線規劃，制定配送計劃。

圖 15-1　配送計劃制定步驟

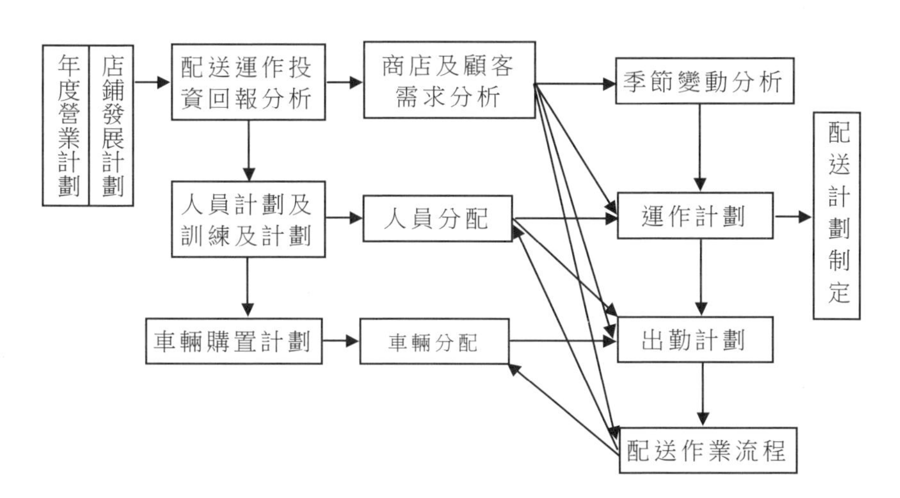

⑴將相互臨近的送貨點的貨物裝在一輛車上配送。

車輛的運行路線應將相互接近的送貨點串起來，以使送貨點之間的行駛距離最小化，並實現配送行駛距離的最小化。

⑵將在一起的送貨點安排在同一天送貨。

當以週為送貨週期進行配送時，應將聚集在一起的送貨點安排在同一天送貨，要避免不是同一天送貨的送貨點在配送路線上的重疊，這樣有助於縮短車輛運行時間，實現距離最小化。

⑶配送路線從離物流中心最遠的送貨點開始。

合理的配送路線應從離物流中心最遠的送貨點開始，將積聚區的送貨點串聯起來，然後返回物流中心。積聚區的送貨點的數目以車輛滿載為限。

在第一輛車滿載後，用另一輛車裝載第二個最遠送貨點的貨物，按此流程進行，直至所有送貨點的貨物都分配完畢。

⑷同一輛車途經各個送貨點的路線要成凸狀。

配送車輛順序所經過的送貨點不應交叉，但送貨點的交貨時間約束和回程提貨往往導致配送路線的交叉。

⑸最有效的配送路線是使用大載重量的車輛的結果。

在裝卸條件允許的情況下，最好使用載重量和容積大的車輛，將儘量多的送貨點的貨物裝載在一起，這樣可以使送貨點的總行駛距離和時間最小化。因此應優先使用載重量大的車輛。

⑹提貨應在送貨過程中進行，而不要在配送路線結束後再進行。

零售商可以實施「回程提貨」，但提貨應在送貨過程中進行，以減少交叉路程。而在送貨後提貨經常會發生線路交叉。能否回程提貨主要取決於車輛形狀和提貨量對後續送貨的影響。

⑺對偏離積聚送貨點路線的單獨送貨點可應用另一個送貨方案。

對偏離積聚區的送貨點，特別是送貨量較小的送貨點，使用較小載重量的貨車是比較經濟的。偏離度越大，送貨量越小，其經濟效益越大。另外，租車送貨也是可行的方案。

表 15-2　制定配送計劃主要原則說明表

<table>
<tr><th colspan="2">制定配送計劃的主要原則</th><th>說明</th></tr>
<tr><td colspan="2">(1)生意需求原則</td><td>根據生意的需求決定配送資源規劃的重點</td></tr>
<tr><td colspan="2">(2)時效性原則</td><td>時效性是流通業客戶最重視的服務指標，確定配送路線就是要將各商店的時間要求和先後到達順序安排妥當，確保能在指定的時間內交貨</td></tr>
<tr><td colspan="2">(3)可靠性原則</td><td>指將貨品完好無缺地送達目的地。
主要控制因素如下：
· 裝卸貨的質量水準
· 運送過程中對貨品的保護
· 司機對客戶地點及作業環境的熟悉程度
· 配送人員工作操守</td></tr>
<tr><td colspan="2">(4)便利性原則
（服務彈性）</td><td>儘量滿足顧客的需求，增加配送的附加價值。送貨計劃應採取較具彈性的系統，才能夠隨時提供便利的服務，例如緊急送貨、資訊傳送、順道退貨、輔助資源回收等等</td></tr>
<tr><td colspan="2">(5)人員素質原則</td><td>配送人員與顧客的溝通能力和良好的服務態度是配送質量的重要標誌之一</td></tr>
<tr><td rowspan="6">(6)經濟性原則</td><td>成本最低原則</td><td>以最經濟的運作成本達到最佳的服務效果</td></tr>
<tr><td>路程最短</td><td>通常路線的長短與成本成正比，在選擇最短路程時，應權衡道路條件、道路收費等因素對運輸成本的影響</td></tr>
<tr><td>噸公里最小</td><td>噸公里最小通常是長途運輸所選擇的目標</td></tr>
<tr><td>運力利用最合理</td><td>當運力緊張時，避免不合理的租車和車輛購置投資，充分利用現有運力</td></tr>
<tr><td>人員消耗最低</td><td>以司機人數最少，工作時間最短為原則</td></tr>
<tr><td>車輛故障損耗最低</td><td>當車輛週轉超過一定比例，維修費用將大增，因此，將每輛車的平均週轉控制在一定水準，以控制維修費用對成本的影響</td></tr>
<tr><td colspan="2">(7)安全性原則</td><td>車輛運行的安全保證，包括車輛狀態、駕駛員安全素質和安全保險等要素</td></tr>
</table>

(8)應儘量減少送貨點工作時間過短的限制。

送貨點的收貨時間太短會造成車輛調度的限制過多，造成配送路線的不合理。除特殊原因外，通常送貨點收貨時間約束並不是絕對的，如果送貨點的工作時間確實影響合理的配送路線，調度應與送貨點商量，調整其工作時間或放寬其工作時間約束。

五、配送線路的規劃技術

網路由節點和線組成，點與點之間由線連接，線代表節點之間的運輸距離（或時間）。除起點外，所有節點都被認為是未連接的。起點作為已解的點，是計算的開始點。

計算方法：

(1)第 N 次迭代的目標。

尋求第 N 次離起點最近的節點，重覆 N＝1，2，3，4…直到最近的節點是終點為止。

(2)第 N 次迭代的輸入數值。

（N－1）個離起點最近的節點及之前的迭代，根據離起點最短的線路和距離計算而得。這些節點稱為已解的節點，其餘的節點稱為未解的節點。

(3)第 N 個最近節點候選點。

每個已解的節點通過一個或多個尚未解的節點，這些未解的節點中有一個以最短的線連接，就是候選點。

(4)第 N 個最近節點的計算。

將每個已解的節點及其候選點之間的距離與起點到該點之間的

距離相加，總距離最短的候選點即是第 N 個最近的節點。

例：下圖 13-2 是一張高速公路網路示意圖，其中 A 是起點，了是終點，B、C、D、E、G、H、I 是網路上的節點，節點與節點之間以線路連接，線路上的數字表明了兩個節點之間的距離。求從起點 A 到終點 J 之間的最短運輸路線。

圖 15-2　高速公路網路示例

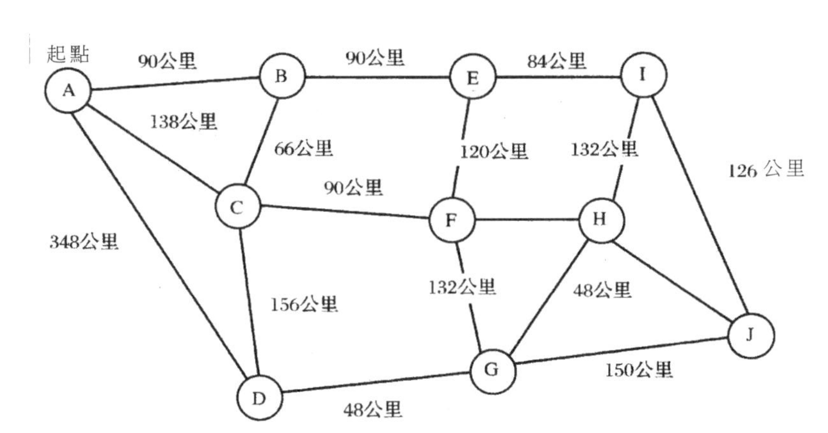

表 15-3　最短路線求解步驟

步驟	與未解節點相連的已解節點	與已解節點直接相連的未解節點	相關總距離	第N個最近節點	最小距離	最新連接
1	A	B	90	B	90	☆AB
2	A B	C C	AC=138 AB+BC=90+66=156	C	138	AC
3	A B	D E	AD=348 AB+BE=90+90=180	E	180	☆BE
4	A C E	D F I	AD=348 AC+CF=138+90=228 AB+BE+EI=90+90+84=264	F	228	CF
5	A C E F	D D I H	AD=348 AC+CD=138+156=294 AB+BE+EI=90+90+84=264 AC+CF+FH=138+90+60=288	I	264	☆EI
6	A C F I	D D H J	AD=348 AC+CD=138+156=294 AC+CF+FH=138+90+60=288 AB+BE+EI+IJ=258+126=384	H	288	FH
7	A C F H I	D D C C J	AD=348 AC+CD=138+156=294 AC+CF+FG=138+90+132=360 AC+CF+FH+HG=138+90+60+48=336 AB+BE+EI+IJ=258+126=384	D	294	CD
8	H I	J J	AC+CF+FH+HJ=288+126=414 AB+BE+EE+IJ=264+126=384	J	390	☆IJ
☆為最短距離						

計算說明：

首先列出一張計算表格。

第一步：第一個已解的節點是起點 A，與 A 直接連接的未解的節點有 B、C 和 D。B 是距離 A 最近的節點，記為 AB。由於 B 是惟一的選擇，所以 B 成為已解的節點。

第二步：找出距 A 點和 B 點最近的連接點，有 AC 和 BC。從 A 點到 B 點的距離為 AB+BC＝90+66＝156 公里，AC 直達為 138 公里，C 成為已解的節點。

第三步：第三次迭代要找到與已解節點直接連接的最近的未解節點。三個候選點 D、E、F 與 A 點的距離分別為 348 公里、180 公里、228 公里，其中 BE 的距離最短，為 174 公里，因此正點就是三次迭代的結果。

重覆上述步驟直達終點 J，即第八步，最短距離為 174 公里，連接表中帶「☆」符號，最短路線為 A—B—E—I—J。

六、配送的服務水準

在確定物流服務水準時，需要平衡服務與成本的關係。應考慮企業的經營方針、銷售戰略、生產戰略、行業環境、商業範圍、商品特性、流通管道、競爭對手及與全社會有關的環境保護、節能問題等社會環境，還應從物流中心所處的環境，企業的物流觀念及物流與採購、生產、銷售等部門的關係等方面加以把握。

1. 配送服務水準管理

物流服務與成本的關係有：

⑴在物流服務不變的前提下，通過改變物流系統來降低成本。

⑵為提高服務，增加物流成本。

⑶成本不變，提高服務水準。

⑷降低物流成本，提高物流服務。

2. 配送服務的項目

在確定具體的配送服務項目時，可以根據以下的清單逐一確認檢查。

表 15-4 配送服務項目檢查表

序號	項目	內容
1	存儲庫存服務率	□全品種可以立即交貨 □B、C類不能立即交貨
2	接受訂單截止日期	□接受訂單截止日期（前一天幾點，前兩天幾點，當天幾點） □截止後延長時間
3	交貨日期	□當天 □第二天上午，第二天 □第三天 □第三天以後
4	訂貨單位	□散貨 □中間包裝規格 □箱、盒 □託盤 □卡車
5	交貨頻率	□1日1次，1日2次以上 □1週1次，1週2—3次 □1週3次以上

續表

6	到達指定時間	□指定時間 □指定時間範圍
7	緊急出貨	□有限制 □無限制
8	保證物流質量	□保管、運送中的品質劣化，物理性損傷 □配送錯誤，數量錯誤，品質不良
9	提供資訊	□關於交貨期的反饋 □庫存及斷檔率資訊 □重新進貨 □到貨日期，運送過程中的商品資訊、追蹤資訊
10	進貨條件	□車上交貨、倉庫交貨 □定價，價格標籤 □包裝 □免檢

七、配送的成本管理

運輸成本在整個物流成本中的比例超過 50%，因此，通過有效控制運輸成本就可以降低配送成本。

物流成本包括包裝費、搬運費、輸配送費、保管費及其他，其中輸配送成本比例可謂最高，佔 35%～60%。因此，如果能降低輸配送費，對降低物流中心的成本效率將有較大的貢獻。

實現運輸成本的管理需要確定作業與費用的對應關係，可歸納出以下 11 種費用：人事費、獎金福利、車檢費、保險費、事故費、車輛稅捐、燃料費、修理費、輪胎費、折舊費及過路費，而這些費用的發生與配送頻率、時間、客戶點的遠近及車輛的損耗等因素密切相關，因此須通過對配送人員的工作時間、作業的管理，以及車輛的利用率像運轉率、裝載率、空車率等實行管理，以提高配送效率。

圖 15-3 影響配送費用的因素

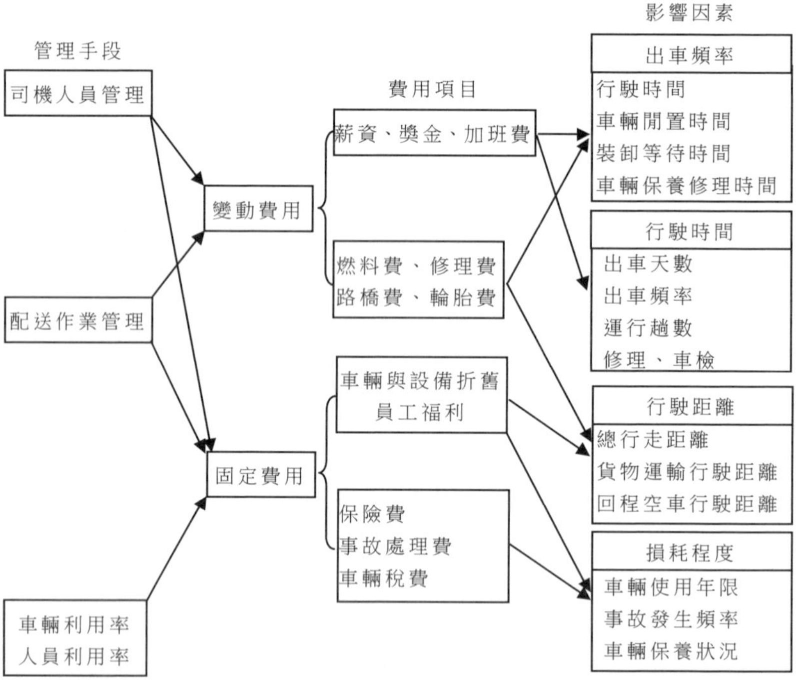

管理手段

司機人員管理

配送作業管理

車輛利用率
人員利用率

變動費用

固定費用

費用項目

薪資、獎金、加班費

燃料費、修理費
路橋費、輪胎費

車輛與設備折舊
員工福利

保險費
事故處理費
車輛稅費

影響因素

出車頻率
行駛時間
車輛閒置時間
裝卸等待時間
車輛保養修理時間

行駛時間
出車天數
出車頻率
運行趟數
修理、車檢

行駛距離
總行走距離
貨物運輸行駛距離
回程空車行駛距離

損耗程度
車輛使用年限
事故發生頻率
車輛保養狀況

八、連鎖業如何規劃配送流程

⑴劃分配送區域

為讓整個配送有基本的運作管理基礎，可根據客戶地點的區域作基本的分類。

圖 15-4　配送規劃流程圖

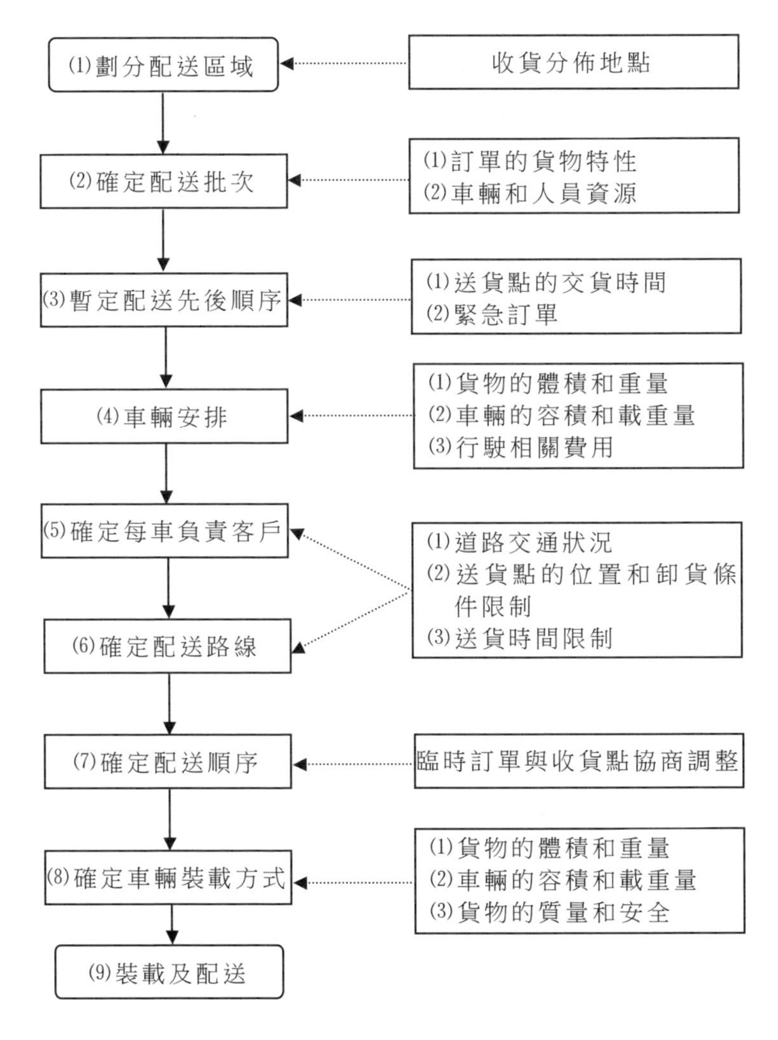

⑵確定配送批次

當配送貨品性質差異大，有必要分別配送時，可以根據訂單的貨品特性作分類，安排不同的配送批次。例如生鮮食品與一般食品的運送工具不同，須分批配送；還有化學物品與日常用品配送條件也有差異。

⑶暫定配送先後順序

根據客戶的訂單順序和要求的時間，制定「配送順序時間表」。

⑷車輛安排

車輛是配送運輸的基本資源，資源的籌集方式、車輛的規格、顧客訂單和貨物的特性等都是相互關聯和相互制約的。

⑸確定每輛車負責的客戶

既然已做好配送車輛的安排，對於每輛車所負責的客戶點數自然也已有了決定。

⑹確定配送路線

確定每輛車配送的客戶點後，即根據各客戶點的位置關聯性及交通狀況來作路徑的選擇。另外，客戶的需求原因和裝卸貨環境對收貨和裝卸時間也有限制。

⑺確定配送順序

做好車輛的調配安排及配送路徑的選擇後，依據各車輛的配送路徑先後即可確定客戶的配送順序。

⑻確定車輛裝載方式

車輛裝載方式就是移動儲區的管理。配送服務最終是通過移動儲區傳遞給顧客，所以該作業對提高物流中心的服務水準有重要意義。移動儲位通過以下因素影響服務水準：

· 避免運輸途中的商品損耗。

· 避免多用戶配送時的貨物混亂。

· 方便顧客卸貨和驗收。

· 縮短車輛滯留時間，提高車輛週轉率。

當配送作業計劃和配送路徑決定後，依照「先達後進」原則，將貨物裝載上車，使貨品到達目的地時能順利卸貨，不致因順序混淆而使不卸貨的貨品放在車門，要卸貨物品卻堵在車內，造成人力和時間浪費，甚至使貨物送達延遲，造成商譽的損失。

· 根據送貨優先順序，可對「時間」與「數量」方面做嚴密的考慮。
· 優先順序決定後，在《駕駛記錄表》上應載明路線優先順序與到達時間，並告知駕駛員。
· 貨物裝載的單位（如託盤），應儘量使用標準尺寸，以提升裝載車的容積率。
· 裝載車內的存儲空間應預留一塊位置，以利配送貨品的移轉調配及人員取貨站立用。
· 貨品裝載單位（如託盤）上，應附有客戶名稱、卸貨順序的標示卡，並正確存放在事先規劃好的移動儲位編號上。

若無事先規劃好移動儲位編號，則每家店的貨品必須以帆布或隔板加以明確區隔。決定了客戶的配送順序後，要將貨品按「後到達先裝車」的順序裝車，同時應做好不同客戶貨物之間的分隔和標識，以免混淆。同時需考慮貨物的性質（怕震、怕撞、怕濕）、形狀、容積及重量來作彈性置放。此外，出貨品的裝卸方式也有必要按照貨品的性質、形狀等來決定。

安排相對固定的行車線路，以提高配送調度的作業效率。

⑼駕駛員特殊配送任務

除一般配送業務外，駕駛員也在時勢所趨下被要求承擔更多的責任義務，兼具業務員和貨物驗收員等角色，負責與客戶的單據和物品交接，解決和向公司反應服務質量問題。同時可以負責向客戶進行推銷，將新產品資訊傳給客戶，並趁機觀察顧客或營業狀況，收集市場訊息。企業內部車輛還可以負責對商店運作管理進行監督，收集現場資訊提供給決策層參考。

· 交貨至店內擺放上架，並根據送貨單由店內人員驗收。
· 交貨至店門口，由店內服務員自行取用擺放，不當場點數。
· 交貨至店內，由店內人員自行補貨上架，不用當場點數。

圖 15-5 配送作業流程圖

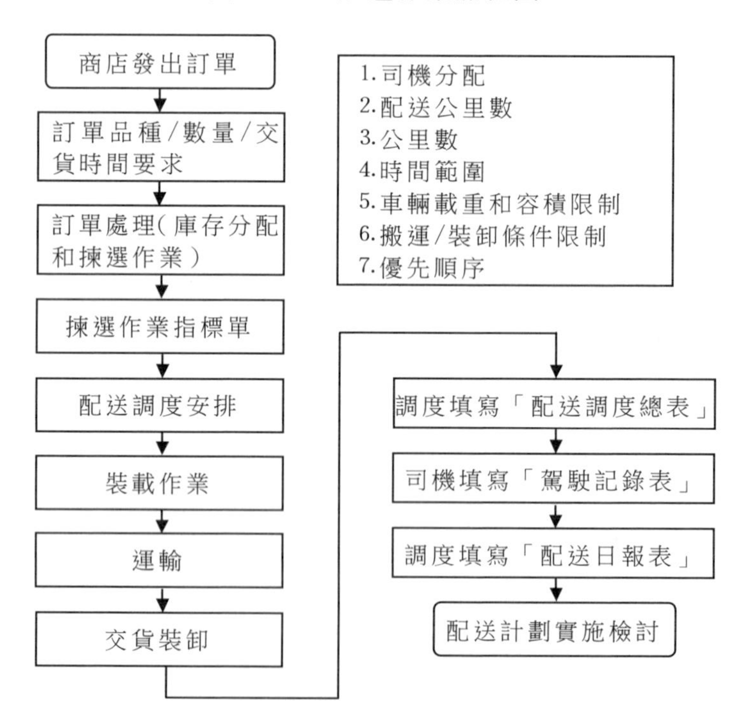

第十六章

物流中心的資訊管理

一、物流中心資訊的特徵

1. 傳播信息量大

現代企業的生產經營離不開大量的資訊，物流資訊隨著物流活動以及商品交易活動的展開而大量發生。連鎖業生產經營中的多品種少批量生產和多頻度小數量配送，使庫存、運輸等物流活動的資訊大量增加。零售網點廣泛應用 POS 系統讀取銷售時點的商品品種、價格、數量等即時銷售資訊，並對這些銷售資訊加工整理，通過 EDI 等途徑向相關系統傳送大量的資訊。今後，隨著市場複雜多變、企業間合作傾向的增強和資訊技術的發展，物流的信息量將會越來越大。

2. 更新速度快

在現代社會中，由於市場變化、技術更新和消費需求等因素的影響，連鎖業多品種少批量生產、多頻度小數量配送、利用 POS 系統的即時銷售，使得各種作業活動頻繁發生，從而要求物流資訊不斷更新，而且更新的速度越來越快。

3. 管道多樣化

連鎖業的物流資訊不僅包括企業內部的物流資訊（如生產資訊、銷售資訊和庫存資訊等），而且包括與企業物流活動有關的外部資訊（如需求資訊、船運資訊和其他企業的資訊等）。這些資訊既可以通過內部資料來獲得，也可以與其他企業協調合作、利用 EDI 等技術在相關企業進行傳送，實現資源分享，還可以通過網際網路等來獲得。這樣，就能使連鎖業更加全面系統地掌握物流資訊，為經營決策打好基礎。

二、物流中心資訊的類型

1. 按資訊產生和作用的領域分類

物流資訊可劃分為物流系統內資訊和物流系統外資訊。

(1)物流系統內資訊

物流系統內資訊是指伴隨物流活動而發生的資訊，包括物料流轉資訊、物流作業資訊、物流控制層資訊和物流管理層資訊。其作用不但可以指導物流的正常運行，也可提供於社會，成為經濟領域的資訊。

(2)物流系統外資訊

物流系統外資訊是指在物流活動以外的其他經濟領域產生的、對物流活動有作用的資訊，主要用於指導物流活動，包括供貨人資訊、顧客資訊、訂貨合約資訊、交通運輸資訊、市場訊息和政策資訊等。此外，還有來自企業內生產、財務等部門的與物流有關的資訊。

2. 按物流資訊的作用分類

按物流資訊的作用，物流資訊可分為以下 4 類：

(1)計劃資訊

這是指尚未實現的，但已當做目標確認的一類資訊，如物流量計劃、倉庫吞吐量計劃、與物流活動有關的經濟計劃、工農業產品產量計劃等。這類資訊的特點是具有相對穩定性，資訊更新速度慢。計劃資訊的作用是指導物流活動在這類計劃前提下規劃自己戰略的、長遠的發展，它是連鎖業制定戰略決策的主要依據之一。

(2)控制及作業資訊

這是指在物流活動過程中發生的資訊，如庫存種類、庫存量、載運量、運輸工具狀況、物價和運費等。這類資訊的特點是具有較強的動態性，更新速度快，並且富有時效性，必須及時得到資訊才有用，否則將變得毫無價值。控制及作業資訊的作用是控制和調整正在發生的物流活動和指導下一次即將發生的物流活動，以實現對物流過程的控制和對物流業務活動的調節。

(3)統計資訊

這是指在物流活動結束後，對整個物流活動進行總結、歸納的資訊。已產生的統計資訊都是一個歷史性的結論，是恒定不變的，但新的統計結果會不斷出現，因此，從總體來看統計資訊具有動態性。統計資訊的作用是正確掌握過去的物流活動及規律，以便指導物流戰略發展和制定計劃。

(4)支援資訊

這是指對物流計劃、業務和操作等有影響或有關的文化、科技、產品、法律、教育、民俗等方面的資訊，如物流技術的革新、物流人才需求等。這些資訊不僅對物流戰略發展有價值，而且也能對物流活動的控制和操作起到指導、啟發的作用，是可以從整體上提高物流水準的一類資訊。

3. 按資訊加工的程度分類

按加工的程度不同，可將物流資訊劃分為原始資訊和加工資訊：

⑴原始資訊

這是指未被加工過的物流資訊，是最有權威性的憑證性資訊。原始資訊是加工資訊可靠性的基礎和保證。

⑵加工資訊

加工資訊是對原始資訊進行分類、匯總、整理和檢索等處理後的資訊。這種資訊是原始資訊的提煉、簡化和綜合。加工資訊對使用者有更大的使用價值。

4. 按資訊活動的領域分類

在物流活動中，物流系統的各個子系統、各個功能要素都會產生物流資訊，根據資訊活動領域可以將物流資訊劃分為運輸資訊、倉儲資訊、裝卸資訊等，甚至可以更細化分成集裝箱資訊、搬運量資訊、庫存量資訊和汽車運輸資訊等。根據物流活動不同領域分類的資訊是具體指導物流各個領域的活動、使物流管理具體化必不可少的資訊。

三、連鎖業物流中心資訊系統的管理

連鎖業物流資訊管理是通過對物流資訊系統的運行與管理來實現的，因此，企業必須建立完善的物流資訊系統，並對其實施有效的組織管理，以實現物流資訊的功能，為企業的生產經營服務。

1. 訂單系統

接收客戶的訂貨資訊，並作為訂貨進行數據記錄的業務稱為訂貨登記。這是連鎖業物流資訊管理的基礎。訂單受理基本流程如圖 16-1 所示。

圖 16-1　訂單受理基本流程圖

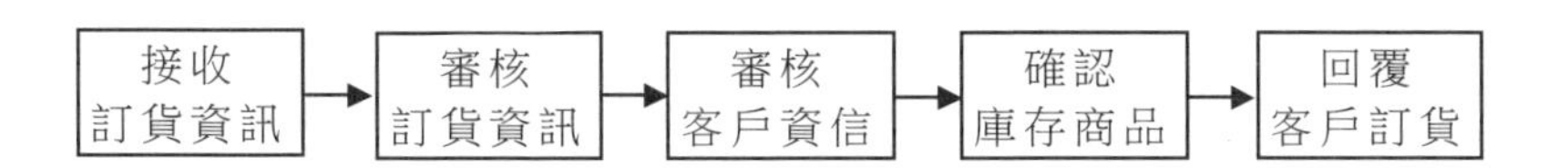

訂貨登記業務從接收訂貨資訊、對訂貨資訊的完整程度和準確程度開始進行檢查。然後對客戶的相關制約條件進行檢查，如貨款繳納情況、信用情況等。在確定可以接收訂貨要求後，按照訂單進行庫存確認。最後，在接收訂單處理業務完成後，可根據資訊的掌握程度決定是否將訂貨請求書傳給客戶確認。

訂貨登記的資訊處理必須在貨物分揀、出庫和配送等業務開始之前完成，否則將會影響這些物流作業活動的開展。

2. 出庫系統

在訂貨登記結束後，應根據處理好的訂貨資訊，製作商品分揀明細表。商品分揀明細表有按照訂貨類別製作（摘果揀選方式），以及按照品種單位將全部訂貨集中在一起製作，揀選出的商品再接客戶類別進行二次分貨（播種揀選方式）兩種方法。

利用電腦資訊處理技術、自動分揀、半自動分揀的資訊提示等手段，可以提高貨物揀選的效率與合理化程度。在出現庫存不足、不能按照訂貨數量分揀的情況下，要將缺貨部份的資訊及時告知客戶，由客戶決定是取消訂貨還是在下次到貨時優先供貨。

分揀完畢後，按照客戶類別備好商品的訂貨，下達配送指令。配送方式一般有兩種方式：一是按照事先配備好的車輛，以固定路線和時間運行；二是在滿足配送要求的基礎上，本著物流成本最低的原則，根據當時車輛的狀況，選擇車輛和線路。選擇那種方式要根據商品的特性、與客戶的關係以及配送車輛的獲得能力等來靈活掌握。

送貨時，一般要同時向客戶提交裝箱單、送貨單和收貨單等單據，但有時為了簡化配送作業，也有在配送完成後再送達有關資訊。送貨單經客戶確認蓋章後，出貨處理作業即告結束。送完貨得到確認之後，要及時進行費用結算，發出費用結算單據。

3. 庫存管理系統

庫存管理系統是為了滿足銷售在必要的場所備齊所需商品，或為保證生產活動順利進行儲備原材料和零件，以最少的數量滿足需求，防止庫存陳腐化浪費和保管費用增加的系統。

為了有效地進行庫存管理，需要確定在那個地區設置物流據點、設置多少、備貨保持在什麼服務水準上等庫存計劃，以及在那個據點配備什麼貨物、配備多少貨物等庫存分配計劃。

庫存管理包含兩個方面的工作，一是正確把握庫存數量的「庫存管理」；二是按照正確的數量補充庫存的「庫存控制」，「庫存控制」

也稱為補充訂貨。

庫存管理的目的是使保管的庫存與電腦掌握的庫存相一致。有訂貨發生時，在訂貨處理時點進行庫存核對，電腦內的庫存數量隨之減少；有入庫發生時，入庫數據登錄時點開始電腦內的庫存數量增加。如果任何地方都沒有差錯的話，實際庫存與電腦內儲存的庫存數量應該是一致的。但實際上，分揀作業、數據登錄等環節都可能會出現差錯，需要在作業後及時核對貨架上的商品，發現誤送的商品要及時追蹤，同時對電腦內的數據進行修正。在商品種類繁多的情況下，每天對所有的商品進行核對是不可能的，為了簡化作業內容，可以只對當天進貨部份進行核對。根據業務特點，在一段期間內的某一天，對全部商品進行實物與電腦庫存數據核對，即盤點。

與庫存控制有關的資訊系統運行和管理的目的是為了防止出現庫存不足，維持正常庫存量而決定補充庫存的數量。每一種商品都需要補充庫存，若採用手工作業，會造成速度慢、效率低下等現象，影響物流活動的正常運行，因此，很有必要利用資訊系統來進行控制。

4. 倉庫管理系統

為了實現倉庫管理的合理化、提高倉庫作業的效率、防止出現作業差錯，保管場所的管理至關重要。保管場所管理的有效方法是對保管位置和貨架按照一定的方式標明牌號，根據牌號下達作業指令。在電腦控制的自動化立體倉庫，沒有貨位的牌號標誌是無法運作的。

通過對倉庫商品保管位置標明區位號碼來提高保管場所使用效率的系統稱為保管場所系統。這種系統包括保管位置與保管商品相對一致的固定場所系統和保管位置與保管商品經常變動的自由場所系統兩大類。

固定場所系統由於保管商品的位置相對固定，因而便於作業人員的識別和查找，即便是業務不熟練的人員，也可以迅速、準確地進行貨物分揀。但是，貨位的使用效率相對較低。當商品保管量少時，貨位出現閒置；反之，當商品量超出貨位容量時，要採取其他彌補措施。

自由場所系統由電腦根據貨位同商品的對應關係進行管理，商品存放的位置不是固定的。對於品種多而且更新快的商品保管，如書籍物流中心的書籍保管非常適用。自動化立體倉庫使用自由貨架，可以根據翌日出庫計劃，在前夜空閒時間，將商品移動到出庫口附近的貨位，以提高出庫時的作業效率。

5. 揀選系統

訂貨分揀系統分為全自動系統和人工半自動系統兩類。全自動系統是指從全自動流動貨架將必要的商品移送到傳送帶的分揀系統。半自動分揀系統是在電腦的輔助下實現高效率揀選的系統，如圖 16-2 所示的電子標籤分揀系統。

圖 16-2　電子標籤分揀系統

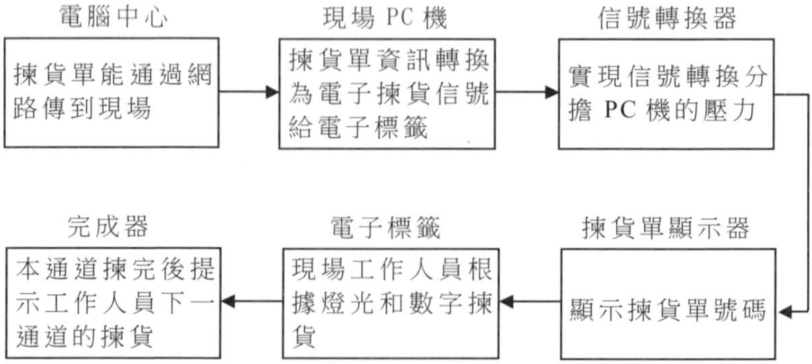

電腦中心
揀貨單能通過網路傳到現場
→
現場 PC 機
揀貨單資訊轉換為電子揀貨信號給電子標籤
→
信號轉換器
實現信號轉換分擔 PC 機的壓力
→
揀貨單顯示器
顯示揀貨單號碼
→
電子標籤
現場工作人員根據燈光和數字揀貨
→
完成器
本通道揀完後提示工作人員下一通道的揀貨

6. 配送管理系統

配送管理的資訊系統最具有代表性的有固定時刻表系統和變動時刻表系統兩種。

固定時刻表系統是根據日常業務的經驗和客戶要求的配送時間，事先按照不同方向類別、不同配送對象群類別設定配送線路和配送時刻，安排車輛，根據當日的訂貨狀況，進行細微調整的配送組織系統。

變動時刻表系統是根據當日的配送客戶群的商品總量，結合客戶的配送時間要求和配送車輛的狀況，按照可以調配車輛的容積和車輛數量，由電腦選出成本最低的組合方式的配送組織系統。

7. 商品追蹤系統

商品追蹤系統是指在商品流動的範圍內，可以對商品的狀態進行即時控制的資訊系統。商品追蹤系統的對象主要是零擔貨物。

商品追蹤系統的資訊處理過程是：在商品裝車、通過商品中轉站時，讀取商品單據上的條碼。單據上記載的條碼表示該單據的號碼，這樣就可以清楚地知道商品單據號碼××號的商品通過什麼地方、處於什麼狀態。當客戶查詢商品時，只要提供貨單號碼，就可以獲知所運送商品的有關動態資訊。同時還可以利用這個系統，對沒有配送完的商品進行及時控制、防止配送延誤等問題。

8. 求車求貨系統

在長距離大量商品運輸的情況下，企業一般採用整車運輸的方法。但整車運輸可能會因為資訊網路不完善、資訊不通暢等造成回程空載行駛等浪費運力的現象。為解決回程空駛問題，必須建立求車求貨資訊系統，求車是指貨主利用回程車輛運輸商品；求貨是指車主尋找回程商品。求車求貨成功與否，關鍵在於資訊是否充分、是否能夠及時獲取物流資訊。求車求貨系統利用資訊網路技術，為發佈車源貨源、查找車源貨源提供了有效手段。各合作企業之間，可利用這個系統相互提供車源貨源，達到提高運輸效率的目的。

心得欄 ----------------------------

第 十七 章

物流中心的成本管理

一、物流中心的成本概述

連鎖業通常由總部、商店和物流中心構成。物流中心是連鎖業的物流機構，承擔著各商店所需商品的進貨、庫存、分貨、加工、集配、運輸、送貨等任務。物流作為生產過程在流通領域的繼續，主要是通過節約成本費用而創造價值的。長期以來，由於連鎖業對物流活動重視不夠，缺乏內部核算，大部份物流成本混入其他費用之中，得不到正確提示，使得物流過程的浪費現象相當嚴重，直接影響了企業經濟效益。解決物流成本費用過高問題，必須科學規劃連鎖業的物流過程，優化物流結構，同時把現代成本管理模式融入到物流成本管理中，從整體上降低物流活動成本。

連鎖業物流成本管理就是對所有這些成本項目進行計劃、分析、核算、控制和優化，以達到降低物流成本的目的。

二、影響物流成本的因素

1. 物流中心管理水準

連鎖業大都設置了物流中心，由其擔負企業連鎖網路的物流任務。目前，物流中心的管理還存在許多問題，造成物流運營成本增加。大部份物流中心物流資訊化建設滯後，相關運營制度不健全，降低了要貨、送貨的準確度，致使物流中心效益低下，增加了物流成本。一些連鎖業自身發展緩慢、網點數量少（店鋪規模達不到國際公認的連鎖業贏利點 14 家以上），影響了物流中心規模效益的發揮，使企業物流費用成本增加。

2. 進貨方向的選擇

進貨方向決定了企業貨物運輸距離的遠近，同時也影響著運輸工具的選擇、進貨批量等多個方面。因此，進貨方向是決定物流成本水準的一個重要因素。

3. 運輸工具的選擇

不同的運輸工具，成本高低不同，運輸能力大小不等。運輸工具的選擇，一方面取決於所運貨物的體積、重量及價值大小，另一方面又取決於企業對某種物品的需求程度及技術要求。所以，選擇運輸工具既要保證生產與銷售的需要，又要力求物流成本最低。

4. 存貨控制

嚴格掌握進貨數量、次數和品種，可以減少資金佔用、貸款利息支出，降低庫存、保管、維護等成本。

5. 貨物的保管制度

良好的貨物保管、維護、發放制度，可以減少貨物的損耗、黴爛、丟失等事故，從而降低物流成本。相反，若在保管過程中，貨物損耗、黴爛、丟失等時有發生，物流成本必然增加。

6. 管理成本開支

管理成本雖然與物流沒有直接的數量關係，但管理成本上升的大小直接影響著物流成本的大小，節約辦公費、水電費、差旅費等管理成本相應可以降低物流成本的總水準。

7. 資金利用率

企業利用貸款進行物流活動，必然要支付一定的利息（如果是自有資金，則存在機會成本問題）。資金利用率的高低，影響著利息支出的大小，從而也影響著物流成本的高低。

8. 合理進行技術改造

合理進行技術改造是指在進行技術改造及設備引進時要考慮其經濟性。儘管先進的運輸、包裝和裝卸技術能降低物流成本，但先進技術方法的運用也會帶來較高的成本。因此，以經濟技術相結合來選擇運輸工具、包裝材料及裝卸工具，也是降低物流成本總水準的一個重要方面。

三、物流中心的成本類型

對連鎖業物流成本進行分類，有利於從不同的角度，採取相應措施控制物流開支。分類形式主要有以下 3 種。

1. 按物流費用支付形態分類

按費用支出形態的物流成本分類方法與財務會計統計方法相一致，它把整個物流過程的成本分為：

⑴材料費，指物流過程中所耗費包裝材料及其他低值易耗品等。

⑵人工費，指物流管理人員和作業人員的薪資、獎金及福利費等。

⑶動力費，指與物流設施使用有關的水費、電費、煤氣費等。

⑷運輸費，指物流過程中發生的採購運費、配送運費等。

⑸維護費，指與物流設施維護有關的修繕費、保險費等。

⑹一般經費，指物流管理人員的辦公費、差旅費等。

⑺特別經費，指物流設施和設備的折舊費、物流貸款的利息等。

這種分類方法符合我們日常費用開支分類的習慣，有利於按照現行會計制度提示物流成本的構成比例。'

2. 按物流成本與商品流轉額的變動關係分類

按物流成本與商品流轉額的變動關係劃分，可分為可變成本和固定成本。

⑴可變成本。這是指物流成本總額隨著業務量（包括購進量、購進次數、配送量、配送次數）變動而呈正比例變動的成本，即業務量增加，成本支出也隨之增加，反之則減少，如搬運費、倉儲管理費、訂貨費用等。

⑵固定成本。這是指物流成本中不隨商品業務量的變動而變動的那一部份成本。在一定範圍內，這種成本與商品的流轉額沒有直接關係，即商品流轉額變動，它一般不發生變動，如租金、固定薪資、福利費、折舊費等。

這種分類方法便於企業在認識物流可變成本與固定成本的基礎上，採取嚴格措施對物流可變成本進行科學管理，最大限度地減少物流成本的開支。

3. 按成本發生的流轉環節分類

可以劃分為運輸成本、裝卸搬運成本、包裝成本、儲存保管成本、流通加工成本、物流資訊成本等。

⑴運輸成本。這是指連鎖業內部的運輸部門或其他承運單位在提供運輸勞務時所耗費的開支。運輸費用佔用物流費用的比重最大，怎樣以最快的速度、最少的運輸費用實現物資的流轉，需合理選擇運輸方式和運輸工具。

⑵裝卸搬運成本。這是指連鎖業物資裝卸搬運過程中所耗費的開支，裝卸搬運活動滲透到物流的各個環節，其成本內容主要包括機械設備的折舊和搬運過程中發生的營運費用。

⑶儲存保管成本。這是指連鎖業在商品儲存、保管過程中所開支的檢驗、挑選、整理、維護保養等方面的費用及相關儲存設施的投資折舊。

⑷包裝成本。連鎖業包裝作業的目的不是要改變商品的銷售包裝，而在於通過對銷售包裝進行組合、拼配、加固，形成適合物流和配送的組合包裝單元，這個環節所產生的耗費被稱為包裝成本。

⑸流通加工成本。又稱追加成本，是生產性成本在流通領域的繼續。是指為了彌補生產過程的不足，更有效滿足消費者或本企業的需要而對商品進行加工發生的成本，一般包括流通加工設備的折舊、材料費和勞務費等。

⑹物流資訊成本。是指連鎖業物流過程中採集、分析和傳遞各

種物流資訊而支出的各種費用支出，如電腦的購置費和折舊費、網路維護費等。

這種分類方法便於檢查物流各環節的成本支出情況，對於物流資金的安排、銜接各環節的關係有著十分重要的作用。

四、物流中心成本核算的步驟

物流成本的大小，取決於評價對象——物流活動的範圍及採用的評價方法等。評價範圍及採用的評價方法不同，得出的物流成本結果也各不相同。因此，物流成本核算的步驟主要分為以下 3 步：

⑴明確整個物流範圍

物流範圍作為成本的核算領域，是指物流的起點和終點的長短。明確物流範圍是進行物流成本核算的前提，因為物流領域從那裏開始，到那裏停止，對物流成本大小影響是不同的。

可把連鎖業物流範圍劃分為以下幾個部份：

①供應物流，指連鎖業進貨階段的物流。

②配送物流，指商品從物流中心至各商店階段的物流。

③銷售物流，指商品從連鎖業至顧客階段的物流。

④退貨物流，指伴隨已銷售的商品至退貨而發生的物流。

⑵確定物流流轉環節範圍

物流流轉環節範圍是指在明確整個物流範圍後，把那些流轉環節作為物流成本的計算對象，各個流轉環節的核算範圍怎樣界定。連鎖業物流流轉環節分為運輸、儲存保管、裝卸搬運、包裝、流通加工、物流資訊等活動。會計核算項目，則劃分為運輸成本、保管成本、裝卸成本、包裝成本等。不同環節的開支又可分為內部物流成本和外部物流成本，由連鎖業內部提供的物流服務所花費的開支稱為內部物流成本，外包給其他物流機構所產生的耗費則稱為外部物流成本。

⑶確定物流會計科目的核算範圍

物流會計科目的核算範圍是指在核算物流成本時，把物流過程中的那些項目作為該科目的核算內容。由於科目與科目之間經常會有一些混合的項目，科目的核算口徑得不到清晰的界定，成本資料的準確性就會受到影響，最後對物流成本資訊的提示也會不真實。

五、物流中心成本核算的內容

1. 明確物流成本的支付形態

它按連鎖業物流成本形態劃分為材料費、人工費、水電費、運輸費、維護費、一般經費、特別經費等。在某一核算期間內，對各個價值損耗進行收集和分類，並根據與成本承擔者的關係，將成本分為直接成本和間接成本。對不能計入成本的價值損耗通過財務會計制度進行界定，避免物流成本的錯算。

2. 識別物流成本發生的環節

在明確了物流成本的支付形態後，就要識別出這些成本項目是發生在那些物流成本環節的。由於把物流過程劃分為運輸、裝卸、儲存保管、包裝、流通加工、物流資訊等環節，在某一核算期間內，各個環節發生了那些成本，通過核算單個成本項目、匯總相關資料就可以核算出物流總成本。

3. 界定物流成本的承擔部門

界定物流成本的承擔部門，就要分析出物流成本都用在那一種對象上。可以將商品、地區或門店作為適用對象進行核算。按商店核算物流成本，就是指核算出物流各環節的費用後，以各自不同的基準，分配給各商店，然後算出各商店物流成本與銷售金額或毛收入的比值，瞭解各商店物流成本中存在的問題，以加強管理。按商品核算物流成本是指通過按物流各環節核算出物流費用後，以不同的基準，分配給各商品大類，以分析各類商品的盈虧。

六、物流中心成本的核算方法

在核算物流成本時，必須把握一個基本的原則，就是從「按支付形態分類」入手來核算物流費用。為此，必須從企業財務會計核算的全部會計科目中抽出所包含的物流成本，然後以表格的形式逐步來核算物流成本。現分述如下。

1. 按支付形態核算企業物流成本

⑴按支付形態分類的物流成本的抽出與核算如下：

①材料費。材料費是由物流消耗而產生的費用。材料費用可以通過各種材料的實際消耗量乘以實際的購進價格來核算；材料的實際消耗量可以按物流成本核算期末統計的材料支出量核算。當難以通過材料單據進行統計時，也可以採用盤存核算法，即：

本期消耗量＝期初結餘+本期購進－期末結餘

②人工費。人工費是指對物流活動中消耗的勞務所支付的費用。物流人工費的範圍包括員工所有報酬（薪資、資金、其他補貼）

的總額、員工勞動保護費、按規定提取的福利基金的支出（醫療補助、福利補助、集體福利設施的支出、其他支出）、員工教育培訓費及其他。

③動力費。動力費是指對連鎖業所提供的公益服務（自來水、電、取暖等）支付的費用。嚴格地講，每一個物流設施都應安裝計數表直接計費。但對沒有安裝計量儀錶的物流費，也可以從整個企業支出的公益費中按物流設施的面積和物流人員的比例核算得出。

④維護費。維護費是由土地、建築物、機械設備等固定資產的使用、運行、維護和保養而產生的維修費、大修理費、房產稅、租賃費、保險費等。對於物流業務中可以按業務量或物流設施來掌握和直接核算的物流費，在可能的限度裏直接算出維護費。對於不能直接算出的，可以根據建築面積和設備金額等進行分攤。

⑤一般經費。一般經費相當於財務會計中的一般管理費。其中，對於差旅費、交通費、會議費、書報資料費等人員和使用目的明確的費用，直接計入物流成本。對於一般經費中不能直接計入物流成本的，也可按員工人數比例或設備金額比例分攤到物流成本中。

⑥特殊經費。特殊經費就是指按實際使用年限計提的折舊費和物流貸款的利息。

⑦委託物流費。委託物流費根據本期實際發生額核算，包括委託運費、委託保管費、委託物流加工費等。除此以外的間接委託的物流費按一定的標準分攤到各功能的費用中。

表 17-1 按支付形態核算的物流成本核算表

支付形態				範圍	供應物流費	配送物流費	銷售物流費	退貨物流費	其他物流費	合計
企業物流費	本企業支付物流費	企業本身物流費	材料費	一般材料費						
				特種材料費						
				消耗性工具、器具等						
				其他						
				合計						
			人工費	薪金						
				福利費						
				其他						
				合計						
			動力費	電費						
				煤氣費						
				水費						
				其他						
				合計						
			維護費	維修費						
				消耗性材料費						
				稅金						
				租賃費						
				保險費						
				其他						
				合計						
			一般經費							
			特別經費	折舊費						
				物流利息						
				合計						
			企業內部物流費合計							
		委託物流費								
		本企業支付物流費合計								
	外企業支付物流費									
	企業物流費總計									

⑧其他企業支付的物流費。其他企業支付的物流費就是指採購商品時本企業沒有直接支付，但實際上銷售方已將商品從產地運到銷售地點的運費、裝卸費等物流費包含在進貨價格中。如果到商品產地進行採購，這部份費用顯然需要企業承擔的，所以有必要提示出來。

其他企業支付的物流費，以本期發生購進商品重量或件數為基礎，乘以費用估價核算。

⑵根據物流費用發生的位置，將以上通過核算得出的數據分別歸屬供應階段、配送階段、銷售階段、退貨階段及其他階段，然後依次填入表 17-1 中。

把物流成本分別按材料費、人工費、水電費、運輸費、維護費、一般經費、特別經費等支付形態記賬。從中可以瞭解物流成本總額，也可以瞭解什麼經費項目花費最多。這對認識物流成本合理化的重要性，以及考慮在物流成本管理上應以什麼為重點，十分有效。這種方法比較適合內部核算完善、經營品種比較單一的連鎖經營企業。

2. 按物流流轉環節核算物流成本

⑴從企業財務會計核算的全部會計科目中抽出所包含的物流成本，如車輛租賃費、包裝材料費、薪資、水電費、折舊費、利息等。

⑵將以上費用分別按物流流轉環節進行分類。例如，屬於運輸環節的，放入運輸的欄目裏；屬於流通加工環節的，就放人流通加工欄目裏，然後再匯總。

⑶算出各流轉環節物流費用佔全部物流成本的比重。其核算形式如下表 17-2 所示。

表 17-2　物流費用佔成本比重的核算形式

款項科目		物流費	運輸費	儲存保管費	裝卸搬運費	流通加工費	物流信息費	包裝費	其他
1	車輛租賃費								
2	包裝材料費								
3	薪資津貼								
4	水電費								
5	保險費								
6	維護費								
7	折舊費								
8	稅費								
9	通信費								
10	消耗品費								
11	支付利息								
12	雜費								
合計	金額								
	構成比								

分別按運輸、儲存保管、裝卸搬運、流通加工、資訊流通等流轉環節核算物流費用，可以看出那種環節更耗費成本，比按形態計算成本的方法能更進一步找出實現物流合理化的癥結。還可按單位（配送一件或挑選一個）核算流轉環節物流成本，再就單個功能物流成本的構成比例或金額與上一年度進行比較，弄清增減原因，研究制定整改方案。這種方法適合經營品種較多、管理完善的連鎖業。

3. 按適用對象核算物流成本

按適用對象核算物流成本，可以分析出物流成本都用在那一種對象上。如可以分別商品、地區、商店作為適用對象來進行核算。

⑴從企業財務會計核算的全部會計科目中抽出所包含的物流成本，如車輛租賃費、包裝材料費、薪資、水電費、折舊費、利息等。

表 17-3　按適用對象核算物流成本

形態科目			物流費	按不同適用對象劃分的物流費					分配基準
				總部	商店 1	商店 2	商店 3	商店 4	
直接費	1								台數比率
	2								
	3								人數比率
	合計								
直接費	4								面積比率
	5								面積比率
	6								面積比率
	7								
	8								
	9								
	10								各店構成比率
	11								各店構成比率
	合計								
總計									
各店物流費用構成比率									
本期銷售									
銷售構成比率									

⑵能夠直接歸屬各商店的費用則直接填入表 17-3，不能直接歸屬的則按不同的基準進行分攤，分攤基準可選用各商店銷售額的比例，商店面積，或職工人員數。

⑶將以上費用進行匯總。按商店核算物流成本，就是要算出各商店物流成本與銷售金額或毛收入的對比，用來瞭解各營業單位物流成本存在的問題，以加強管理。這種方法比較簡單，適合任何連鎖業，採用前述兩種方法的企業可以結合它進行補充。

七、降低物流成本的策略

前面提到物流成本的構成和降低物流成本的基本思路，這裏將從物流的運作層面分析如何降低物流成本，即物流中心從配送和倉儲兩方面降低物流成本的策略。

1. 降低配送成本對策

⑴加強配送的計劃性

物流中心成本中一般有 40%以上來源於配送所發生的成本，合理配送、嚴格配送作業管理就顯得尤為重要。在配送活動中，臨時配送、緊急配送或無計劃的隨時配送都會大幅度地增加配送成本，因為這些配送會使車輛不滿載，浪費里程。為了加強配送的計劃性，需要建立分店的臨時配送或緊急配送管理制度，用價格的方法，獎勵的方法對非正規的配送需求加以限制。在實際工作中，應針對商品的特性，制定不同的配送申請和配送制度：

①不同貨品的訂貨週期儘量相同；以增加每次送貨的貨品數量，降低單位成本。

②對普通乾貨商品，應定期向物流中心訂貨，訂貨量為兩次訂貨的預計需求量。實行定期配送，分店只要預測訂貨週期內的需求量，可以降低經營風險。

③對於有溫度要求的冷凍冷藏貨品，要按照店面最大的訂貨週期訂貨，避免頻繁訂貨所發生的費用。

④對鮮活商品，應定時定量申請，定時定量配送。分店一般一天申請 1 次，商品的採購量應以控制在當天全部售完為宜。

⑵確定合理的配送路線

採用科學的方法確定合理的配送路線，是配送活動中的一項重要工作。確定配送路線的方法很多，既可採用方案評價法，擬定多種方案，以使用的車輛數、司機數、油量、行車的難易度、裝卸車的難易度及送貨的準時性等作為評價指標，對各個方案進行比較，從中選出最佳方案；又可以採用數學模型進行定量分析，採用加權迭代方法優化出最佳送貨路線。無論採用何種方法，都必須考慮以下條件：

①滿足所有分店對商品品種、規格和數量的要求；

②滿足所有分店對貨物發到時間範圍的要求；

③各配送路線的商品量不得超過車輛容積及載重量；

④在物流中心現有運力及可支配運力的範圍之內配送；

⑤在交通管理部門允許通行的時間內送貨。

⑶進行合理的車輛配載

各分店的銷售情況不同，訂貨也就不大一致，一次配送的貨物可能有多個品種。這些商品不僅包裝形態、儲運性質不一，而且密度差別較大。密度大的商品往往達到了車輛的載重量，但體積空餘很大，密度小的商品雖達到車輛的最大體積，但達不到載重量。實行輕重配裝，既能使車輛滿載，又能充分利用車輛的有效體積，會大大降低運輸費用。除重量、體積的合理配載外，在條件允許時，採用多溫度配送，以增大合理優化配載空間。

⑷降低配送成本的思考方法

物流中心的配送活動是按用戶的訂單要求，在物流中心進行分揀、配貨工作，並將配好貨品送達客戶的過程。它是流通加工、整理、揀選、分類、配貨、裝配、運送等一系列活動的集合。通過配送，才能最終使物流活動得以實現，而且，配送活動是供應鏈整體優化的過程，它給整個供應系統帶來了效益，提高了客戶服務水準。但就具體物流中心而言，配送活動可能會增加到達客戶的物流成本。那麼如何在提高客戶滿意和減少配送成本之間尋求平衡呢？那就是在一定的配送成本下儘量提高客戶服務水準，或在一定的客戶服務水準下使配送成本最小。這裏介紹在一定的客戶服務水準下使配送成本最小的思考方法。

①差異化

差異化的指導思想是：產品特徵不同，客戶群體服務需求也不同。當企業擁有多種產品線或物流中心擁有不同客戶組合時，不能對所有商品和所有客戶都按同一標準的客戶服務水準來配送，而應按產品的特點、銷售水準，來設置不同的庫存、不同的運輸方式以及不同的儲存地點，按客戶需求特點設置不同的訂貨週期，不同的到店方式，忽視產品的差異性會增加不必要的配送成本。例如，一家生產化學品添加劑的公司，為降低成本，按各種產品的銷售量比重進行分類：A 類產品的銷售量佔總銷售量的 70%以上，B 類產品佔 20%左右，C 類產品則為 10%左右。對 A 類產品，公司在各銷售網站都備有庫存，

B 類產品只在地區分銷中心備有庫存而在各銷售網站不備有庫存，C 類產品連地區分銷中心都不設庫存，僅在工廠的倉庫才有存貨。經過一段時間的運行，事實證明這種方法是成功的，企業總的配送成本下降了 20%之多。

②混合法

混合法是指配送業務一部份由企業自身完成。這種策略的基本思想是，儘管採用單一配送方法（即配送活動要麼全部由物流中心自身完成，要麼完全外包給其他運輸公司）易形成一定的規模經濟，並使管理簡化，但由於產品品種多變、規格不一、銷量不等等情況，採用單一配送方式超出一定程度不僅不能取得規模效益，反而還會造成規模不經濟。而採用混合法，合理安排物流中心自己完成的配送和外包給運輸公司完成的配送，能使配送成本最低。

③合併法

合併法包含兩個層次，一是配送方法上的合併；另一個則是共同配送。

配送方法上的合併。物流中心在安排車輛完成配送任務時，充分利用車輛的容積和載重量，做到滿載滿裝，是降低成本的重要途徑。由於產品品種繁多，不僅包裝形態、儲運性能不一，在容重方面，也往往相差甚遠。一車上如果只裝容重大的貨物，往往是達到了載重量，但容積空餘很多；只裝容重小的貨物則相反，看起來車裝得滿，實際上並未達到車輛載重量。這兩種情況實際上都造成了浪費。實行合理的輕重配裝、容積大小不同的貨物搭配裝車，就可以不但在載重方面達到滿載，而且也充分利用車輛的有效容積，取得最優效果。最好是借助電腦計算貨物配車的優化解。

共同配送。共同配送是一種產權層次上的共用，也稱集中協作配送。它是幾個企業聯合集小量為大量共同利用同一配送設施的配送方式，其標準運作形式是：在中心機構的統一指揮和調度下，各配送主體以經營活動（或以資產為紐帶）聯合行動，在較大的地域內協調運作，共同對某一個或某幾個客戶提供系列化的配送服務。這種配送有兩種情況：一是中小生產、零售企業之間分工合作實行共同配送，即同一行業或在同一地區的中小型生產、零售企業在單獨進行配送的運輸量少、效率低的情況下進行聯合配送，不僅可減少企業的配送費用，配送能力得到互補，而且有利於緩和城市交通擁擠，提高配送車輛的利用率；二是幾個中小型物流中心之間的聯合，針對某一地區的用戶，由於各物流中心所配商品數量少、車輛利用率低等原因，幾個物流中心將用戶所需商品集中起來，共同配送。

④延遲法

傳統的配送計劃安排中，大多數庫存是按照對未來市場需求的預測量設置的，這樣就存在著預測風險，當預測量與實際需求量不符時，就出現庫存過多或過少的情況，從而增加配送成本。延遲法的基本思想就是對產品的外觀、形狀及其生產、組裝、配送應盡可能推遲到接到客戶訂單後再確定。一旦接到訂單就要快速反應，因此採用延遲法的一個基本前提是資訊傳遞要非常快。一般來說，實施延遲法的企業應具備幾個基本條件。

a. 產品特徵：生產技術非常成熟，模組化程度高，產品價值密度大，有特定的外形，產品特徵易於表述，定制後可改變產品的容積或重量；

b. 生產技術特徵：模組化產品設計、設備智慧化程度高、定制技術與基本技術差別不大；

c. 市場特徵：產品生命週期短、銷售波動性大、價格競爭激烈、市場變化大、產品的提前期短。

實施延遲法常採用兩種方式：生產延遲（或稱形成延遲）和物流延遲（或稱時間延遲），而配送中往往存在著加工活動，例如某牆漆生產企業將配漆過程放在物流中心來進行，這即大大減少了不同產品的存貨數量，又增加了產品的保質期限。實施配送延遲法既可採用形成延遲方式，也可採用時間延遲方式。具體操作時，常常發生在諸如貼標籤（形成延遲）、包裝（形成延遲）、裝配（形成延遲）和發送（時間延遲）等領域。

美國一家生產金槍魚罐頭的企業，就通過採用延遲法改變配送方式，降低了庫存水準。這家企業為提高市場佔有率曾針對不同的市場設計了幾種品牌，產品生產出來後運到各地的分銷倉庫儲存起來。由於客戶偏好不一，幾種品牌的同一產品經常出現某種品牌暢銷而缺貨，而另一些品牌卻滯銷壓倉。為了解決這個問題，該企業改變以往的做法，在產品出廠時都不貼標籤就運到各分銷中心儲存，當接到各銷售網站的具體訂貨要求後，才按各網點指定的品牌標誌貼上相應的標籤，這樣就有效地解決了此缺彼漲的矛盾，從而降低了庫存。

⑤標準化

標準化就是儘量減少因品種多變而導致的附加配送成本，盡可能多地採用標準零件、模組化產品。如服裝製造商按統一規格生產服裝，直到客戶購買時才按客戶的身材調整尺寸大小。採用標準化要求廠家從產品設計開始就要站在消費者的立場去考慮怎樣節省配送成本，而不要等到產品定型生產出來了才考慮採用什麼技巧降低配送成本。

⑸量力而行建立電腦管理系統

在物流作業中，分揀、配貨要佔全部勞動力的 60%，而且容易發生差錯。如果在揀貨配貨中運用電腦管理系統，應用條碼，就可使揀貨快速、準確，配貨簡單、高效，從而提高生產效率，節省勞動力，降低物流成本。

2. 降低倉儲成本對策

降低倉儲費用首先要對倉儲費用的組成要素進行分析，有針對性地找出對影響費用最大的因素並加以控制，以達到對症下藥的目的。例如，國外先進國家的倉儲費用中，人工費用佔到 50%以上，而目前倉儲費用中的資產費用佔據了相當大的一部份。控制倉儲費用首先採取的措施是從快速見效的部份入手。減少倉儲費用可以從以下幾方面考慮：

⑴加強倉庫管理，排除無用的庫存。定期核查倉庫中貨品，將長期不用、過期、過時的貨品及時上報清理。無用的庫存即佔用空間，又浪費庫房運作費用，要建立制度對無用庫存貨品進行及時處理。

⑵減少庫存量。倉儲費用的發生與庫存數量有成比例的關係，在滿足存貨保證功能的前提下，將存貨數量減到最低，無疑是減少倉儲成本的最直接辦法。庫存數量的減少即是要靠存貨控制部門合理的計劃，與客戶和供應商的良好溝通，也要依靠倉儲部門的良好管理。倉儲部快速的資訊傳遞，賬物的準確，都能為減低庫存提供良好幫助。

⑶重新配置庫存時，有效靈活地運用庫存量。

3. 降低包裝成本對策

⑴應用價格低的包裝材料；

⑵包裝作業機械化；

⑶使用包裝簡單化；

⑷採用大尺寸包裝。

4. 降低裝卸成本對策

⑴導入集裝箱和託盤，由機械化來實現省力化。

⑵減少裝卸次數。

這些合理化對策，可以單獨實施，也可以同時實施。實施時，要充分掌握費用的權衡關係，必須在降低總的物流費用中研究其合理化的效果。

5. 合理化對策歸納

上述合理化對策，可進一步歸納為，

⑴關於物流經路的合理化：盡可能的縮短物流經路，減少流通環節。

⑵關於擴大運輸批量的合理化：減少運輸次數、提高裝載效率、設定最低訂貨量限額、實施計劃運輸、推進共同運輸。

⑶關於庫存合理化：按供應鏈原理設計各物流網路點的合理庫存量。

⑷關於物流作業省力化：實行託盤化作業方式。

⑸確立物流資訊系統的合理化，使資訊流通快速、準確、共用。

⑹加強庫存管理，適當機械化、集裝箱化。

第 十八 章

物流中心的績效評價

一、物流中心績效的評價方法

連鎖業物流經營績效分析評價的方法很多，既有定性分析方法，又有定量分析方法。在分析評價時應採用什麼方法，要根據分析評價的目的要求及所掌握的各種資料的性質和內容來確定。

一般常用的分析方法有：比較法、比率法、功效係數法和綜合分析判斷法等。

1. 比較法

比較法也稱對比分析法，是指通過指標的對比，從數量上確定差異的一種評價方法。這是連鎖業物流績效分析中最常用的一種方法，其作用在於揭示客觀存在的差距，以便挖掘各種潛力，提高物流的經營績效。常用的比較形式有：實際指標與計劃指標相比較；現在指標和過去指標相比較；本企業與同類企業或國內外先進企業相比較。

2. 比率法

這是一種通過計算各項指標之間的相對數，比較各種比率的一種分析方法。其實質是將各項目的關係比率化，然後再進行分析對比。常用的比率分析方法有結構比率法和趨勢比率法。

結構比率法是通過計算某項經濟指標的各個組成部份佔總體的比重，來分析其構成內容的變化，從而掌握該項經濟活動的特點與變化的分析方法。

趨勢比率法也稱動態比率法，是將不同時期同類指標的數值進行對比，求出比率，分析該項指標的發展方向和增減速度，以觀察經濟活動變化趨勢的一種方法。由於比較時所採用的基期不同，它又可以分為定基發展速度和環比發展速度兩種。

3. 功效係數法

功效係數法是指根據多目標規則原理，將所要考核的各項指標分別對照不同分類和分檔的標準值，通過功效函數轉化為可以度量計分的方法。它主要用於連鎖業物流經營績效定量指標的計算分析，是物流績效評價的基本方法。

4. 綜合分析判斷法

綜合分析判斷法是指綜合考慮影響連鎖業物流經營績效的各種潛在的或非計量的因素，參照評議參考標準，對評議指標進行印象比較分析判斷的方法。主要用於定性分析，這是因為在連鎖業物流經營績效的評價中不僅有大量的計量因素要進行定量分析，而且也會涉及一些難以用數據來表示的非計量因素，這些因素的分析評價結果只能參考一定的標準進行定性分析才能得出。所以，綜合分析判斷法也是企業物流績效評價的一種主要方法。

二、物流中心的績效評價步驟

連鎖業物流績效評價是一項複雜的工作，必須明確要求並按照一定的評價規則有計劃、有組織、有步驟地進行，這樣才能保證企業物流績效評價順利進行並取得正確評價結論。

1. 確定實施機構

由於連鎖業物流績效評價工作涉及面廣、工作量大、要求高，因此在評價過程中，為了得出較正確的評價結果，往往需要成立評價實施機構。其基本途徑有兩個：一是由評價組織機構直接組織實施評價的，可以由評價組織機構負責成立評價工作組，確定相應的工作人員和選聘有關諮詢專家。二是委託社會仲介機構實施評價，首先要選好仲介機構，並簽訂評價委託書，然後由仲介機構組織成立評價工作組和確定工作人員。

2. 制定工作方案

連鎖業物流績效的評價工作方案是由評價工作組制定的工作安排。其主要內容包括：評價對象、評價目的、評價依據、評價項目負責人、評價工作人員、工作時間安排、擬用評價方法、選用評價標準、準備評價資料及有關工作要求等。

3. 準備評價資料

擁有必要的評價基礎資料和數據是開展企業物流經營績效評價的基本前提。因此，要根據評價工作方案的目標和要求，做好基礎資料和基礎數據的收集、核實和整理等工作。

4. 進行計算分析

連鎖業物流經營績效主要是通過一系列指標反映出來的，因此，在進行物流經營績效評價中應根據連鎖業物流績效評價的指標體系計算出相應的指標值，然後對指標值進行綜合分析評價，並形成綜合評價結果。

5. 形成評價結論

在這一過程中，主要應抓好兩個方面的工作：

⑴形成評價結論。這是將連鎖業物流經營績效的綜合評價結果與同類型同規模企業的物流經營績效進行分析比較；與本企業歷史的物流經營績效進行分析比較；與本行業物流經營的先進水準相比較。從而，對連鎖業物流經營績效進行深入分析判斷，形成綜合評價結論。

⑵反饋和調整。評價工作組在得出評價結論後應及時反饋給被評價企業或部門領導人，聽取他們的意見，若提出異議且意見合理，或者發現新的重大情況，要對評價結果和評價結論進行調整，使其能客觀、準確和全面地反映企業物流經營的實際情況。

6. 撰寫評價報告

評價結論形成以後，評價工作者應按照一定的格式撰寫《企業物流效績評價報告》，報告評價結果、評價分析和評價結論等。評價工作組完成評價報告後，經評價項目主持人簽字，報送評價組織機構審核認定。如果是委託評價項目，評價報告必須加蓋仲介機構單位的公章，方能生效。

7. 評價工作總結

評價項目完成後，評價工作組應進行工作總結，將工作背景、時間地點、工作基本情況、報告認定結果、評價工作中遇到的問題及工作建議等形成書面材料，建立評價工作檔案。

三、物流中心績效的評價項目

連鎖業物流經營績效評價的內容是企業的物流經營狀況和經濟成果。主要包括財務效益狀況、資產營運狀況、償債能力狀況和發展能力狀況 4 個方面的內容。

1. 財務效益狀況

物流財務效益是連鎖業在物流經營活動中所取得的重要經濟成果。主要包括物流系統（企業）利潤和資產保值增值等內容，這是投資者及經營管理者最為關心和重視的。因為，通過物流財務效益的分析評價，可以合理地測算物流活動的收益水準和資產狀況，正確評價物流活動的經營績效。所以，分析評價物流財務效益是連鎖業物流經營績效評價的重要內容，物流財務效益狀況評價是通過計算分析物流的淨資產收益率、總資產報酬率、資本保值增值率、銷售利潤率和成本費用利潤率等指標來實現的。

2. 資產營運狀況

資產是企業擁有或者控制的能以貨幣計量的經濟資源，物流資產是指連鎖業投入物流活動的經濟資源。它是連鎖業開展物流活動的基礎，直接關係到物流活動的運行和效益。

物流資產的營運狀況直接反映了物流的經營績效，通過對物流資產營運狀況的分析，不僅可以正確評價物流經營績效，而且可以及時反映物流資產營運的問題和不足之處，為合理使用物流資產、提高資產營運效果和經濟效益指明方向。物流資產營運狀況評價是通過總資產週轉率、流動資產週轉率、存貨週轉率、應收賬款週轉率、不良資產比率和資產損失比率等指標的計算分析來實現的。

3. 償債能力狀況

企業償債能力是指企業償還本身所欠債務的能力。企業債務是指企業所承擔的能以貨幣計量的、將以資產或勞務償付的負債。償債能力狀況的分析主要用於對在連鎖經營中獨立核算的物流企業（單位）績效的評價。通過對物流企業償債能力的分析可以瞭解企業的資金實力、負債和投資狀況，掌握企業的支付能力，從而正確地評價其經營績效。物流企業償債能力狀況的評價主要是通過資產負債率、已獲利息倍數、流動比率、速動比率、現金負債比率、長期資產適合率和經營虧損掛賬比率等指標的計算分析來實現的。

4. 發展能力狀況

企業是在發展中求得生存的。在激烈的市場競爭中，各個企業此長彼消、優勝劣汰。一個企業如不能發展，不能提高商品和服務質量，不能擴大自己的市場佔有率，就會被其他企業排擠出去。企業的停滯是其死亡的前奏。連鎖業的物流系統也是如此，它們必須在激烈的市場競爭中不斷提高自己的發展能力。

連鎖業物流系統的發展集中表現為物流收入的擴大及利潤和資產的增長，這是連鎖業物流經營績效的重要組成部份，也是投資者和經營者非常關注的問題。因此，通過對物流發展能力狀況的分析，可以瞭解連鎖業物流系統的發展現狀和預測發展前景，為企業的不斷發展打好基礎。物流系統發展能力狀況的評價是通過營業收入增長率、資本積累率、總資產增長率、固定資產成新率、三年利潤平均增長率和三年資本平均增長率等指標的計算分析來實現的。

四、物流中心的顧客服務績效評價

連鎖業的物流活動不僅要為各商店及加盟者服務，而且還可以為連鎖系統的其他企業及消費者服務。這些服務對象構成了連鎖業物流系統的顧客，它們的滿意與否是評價連鎖業物流績效的重要內容。因此，必須通過一定的指標和手段來進行分析評價。

根據連鎖業物流服務對象和連鎖經營的特點，連鎖業物流顧客服務績效評價的內容包括價格、質量、作用、形象、名譽、關係和服務等。連鎖業物流顧客服務績效的評價指標應能與物流顧客服務績效評價的主要內容相適應。

1. 連鎖業物流顧客服務的評價指標

這是一組常用的物流顧客服務評價指標，由下述 5 個指標組成因果關係鏈。

⑴市場佔有率。 市場佔有率是指本企業的產品或服務在所確定的顧客群體或市場領域中所佔的比重，一般可以通過市場佔有率來評價。企業的市場佔有率越大，說明企業服務的客戶越多或企業服務的市場領域越大。

⑵顧客的忠誠度。 顧客是連鎖業物流活動的前提，留住顧客是連鎖業物流活動的基本要求。雖然連鎖業物流系統的顧客有一定特殊性，但如果物流系統所提供的物流服務不理想，就會降低顧客的忠誠度，減少交易量和交易次數，從而影響連鎖業的物流效益。因此，在物流顧客服務績效評價中，可通過評價與現有顧客進行的交易量來評價顧客的忠誠度。

⑶**顧客的滿意度**。顧客的交易量和忠誠度是建立在顧客滿意度的基礎上的，因此，對於顧客滿意度無論多麼重視都不過分。只有在顧客購買產品或享受服務時，完全滿意或極為滿意的情況下，企業才能指望他們反覆交易。顧客滿意度一般可以通過顧客滿意率來評價。

⑷**獲得顧客**。任何一個企業都想爭取更多的顧客，擴大自己的市場佔有率，連鎖業的物流系統也是如此。因為，只有在顧客數量和交易額不斷增長的前提下，企業才能不斷提高經濟效益，才能在激烈的市場競爭中生存發展。連鎖業物流系統獲得顧客的績效評價是通過新增顧客的數量或新增顧客的採購總額來評價的。

⑸**從顧客處獲取利潤**。連鎖業物流系統不僅要評價同顧客的交易量，而且還要評價這種交易是否有利可圖。因為連鎖業是以營利為目的的經濟組織，沒有利潤，企業就無法生存發展。對於那些與本企業交易多年仍無利可圖的顧客，應儘快擺脫。但應當注意，有些顧客儘管目前無利可圖，但是它有很大的增長潛力，應採取一定措施給予扶持或幫助，以形成良好的關係。從顧客處獲得利潤的績效一般可以通過銷售利潤率來進行評價。

2. 對顧客價值重視程度的評價指標

上述常用評價指標雖然能評價物流顧客服務的基本情況，但它們也存在與傳統的財務評價同樣的弊端，即員工不能及時知道自己的服務能否讓顧客滿意以及能否留住顧客，等他們意識到自己需要改進工作時，為時已晚。注重以下 3 個指標的評價，可以在顧客交易時就提供高質量的服務，建立良好的關係、形象和聲譽。

⑴**產品和服務特徵**。產品或服務的價格及質量是產品和服務的主要特徵。一般有兩種類型的顧客，一類顧客希望價格低，另一類顧

客希望提供特殊的產品和服務。第一類顧客不會在產品和服務檔次方面提出特別的要求，他們希望得到的是基本產品、盡可能低的價格、保質保量按時交貨。而第二類顧客為了實現自己的競爭戰略，可為特殊的產品和服務支付額外的價格。

⑵ **顧客關係**。為了與顧客建立良好的關係，連鎖業物流員工一要對顧客的要求應儘快做出反應，並使顧客及時地瞭解你為顧客所做出的種種努力，以提高顧客的滿意度；二要向顧客做出一定的承諾，以建立範圍更廣泛的關係。

⑶ **形象和聲譽**。形象和聲譽是吸引顧客的兩個抽象因素。一般來說，連鎖業的物流系統除了在物流運作中應注意樹立良好的形象和提高聲譽外，還可以通過廣告和公關宣傳等來確定其形象和聲譽，並保持顧客對企業的忠誠。形象和聲譽的宣傳可使企業在顧客面前積極地展示自己的長處。

3. 滿足顧客需求的評價指標

⑴ **時間**。盡可能在最短的時間內滿足顧客的要求是極為重要的。對顧客的要求做出迅速而可靠的反應通常是爭取和留住顧客的關鍵。一些顧客不僅要求連鎖業物流系統在最短的時間內做出反應，更關心這些反應的可靠性。對顧客來說，及時提供新產品或新服務是實現顧客滿意的一個重要因素。顧客得到這些新產品或新服務的時間，作為績效評價指標，是一種以時間佔領市場的手段。

⑵ **質量**。在現代經濟發達國家，質量已不再是必要的戰略性競爭優勢，產品或服務質量已成為企業生產經營的硬指標。不過對新興的連鎖物流業來說，傑出的質量仍為企業提供著商機。產品的質量一般是通過次品率來評價的，如每百萬件產品中的次品率。服務質量往

往和時間概念聯繫在一起，如按時交貨就是評價服務質量的一個重要指標。

⑶價格。大多數顧客比較關心產品和服務的價格，價格在某種程度上是影響交易的主要因素。連鎖業物流系統應根據競爭對手的價格確定自己的打折和優惠價，以有競爭力的價格售出產品和服務並贏得更多的顧客。特別是對於一些發展前景較好的中間商，連鎖業物流系統應力爭成為這類顧客的供應商和服務商。

五、物流中心的運輸績效評價

運輸作為連鎖業物流的一項重要活動，主要完成商品從供應地到需求地的空間移動。運輸績效的高低直接影響著物流的服務水準和整體經濟效益，因此，對運輸績效進行分析與評價，有利於提高運輸效率和物流效益。

1. 連鎖業運輸績效評價標準的選擇

在連鎖經營活動中，運輸大多數是通過選擇專業運輸商來承擔的，少數是通過企業自有車（船）隊完成的。但無論採取何種形式，都有一個運輸績效的評價標準問題。

⑴運輸績效評價標準的要求。設置連鎖業運輸績效評價標準主要應考慮以下基本要求：

①運輸、取貨、送貨服務質最良好，即準確、安全、迅速、可靠。

②能夠實現門到門服務而且費用合理。

③能夠及時提供有關運輸狀況、資訊及其服務。

④貨物丟失或損壞，能夠及時處理有關索賠事項。

⑤認真填制提貨單、票據等運輸憑證。

⑥與顧客長期保持真誠的合作夥伴關係。

⑵運輸績效評價標準的選擇和分析。在連鎖業運輸活動中，因為大多數運輸任務是由專業承運人來完成的，而專業承運人的好壞直接關係到運輸績效，所以，連鎖業要根據運輸績效評價的基本要求，結合承運人及顧客的實際情況來選擇評價標準。將所選標準按重要程度進行打分，根據匯總的總分（加權處理）多少判別優劣，確定總等級，以選擇最佳承運人，提高運輸績效。

運輸成本顯然首先考慮的是評價標準，但是運費並不是惟一的成本構成，整個物流系統的成本還必須考慮設備條件、索賠責任及裝載情況等相關因素。

中轉時間直接影響庫存水準，中轉時間越長，庫存水準就越高，物流成本就大，所以，中轉時間也是一條重要的標準。可以想像，如果承運人提供的運輸服務不穩定，就必須有較多的庫存。同樣道理，如果承運人不能將貨物及時送達，就有可能失去市場。

可靠性的評價通常是以訂貨交付的完成為基礎的。一旦一票訂貨已經完成並裝運交付，倉庫就會記錄抵達時間與日期，並傳輸到採購部門。經過電腦處理後，將一個承運人績效記錄及時提交給採購部門及運輸管理部門，就能很容易地分析判斷承運人的可靠程度。

運輸能力包括運輸和服務兩個方面的能力。運輸能力主要指提供專用車船的能力（如低溫、散裝等車輛）及卸車（船）的能力。服務能力主要是 EDI 的利用、線上跟蹤儲存及門到門服務等。

可達性是指承運人運輸商品的地域範圍，可達性差的承運人往往運輸的地域範圍較小，不能滿足連鎖業經營的需要。一般來說，承運人可以通過直達運輸和聯合運輸等方式來提高其可達性。

安全性是評價承運人的最後一個標準。它主要包括兩個方面的內容，一是承運人對事故的預防能力；二是理賠能力，如果一旦出現事故，承運人無力迅速理賠，則說明該承運人的安全性差。

2. 運輸活動績效評價量化指標

評價標準和方法主要是通過定性分析對承運人進行總體評價。如果需要更準確、更具體地評價運輸活動的績效，則應採用定量分析。為此，就有必要設置評價運輸績效的量化指標。

六、物流中心庫存績效的評價

倉庫在連鎖業經營中扮演著中轉站的角色，連鎖業經營的大量商品是從倉庫中發出的。庫存商品的狀態如何、是否與企業經營活動相匹配、是否可以使連鎖業在滿足客戶服務要求的前提下盡可能地降低庫存水準、節省庫存成本、提高物流效率、實現企業的經營目標，這一切都有賴於科學的庫存管理。因此，對庫存業務進行績效評價是連鎖業物流績效評價的一項重要內容。

1. 存貨的含義和作用

庫存商品簡稱存貨，是指暫存在倉庫內待用的貨物。從物流的角度來看，由於貨物在各個狀態的轉化之間不可避免地存在著時間差，在這個時間差內，處於閒置的貨物即為存貨。因此，庫存業務是連鎖業物流活動的重要組成部份。

在連鎖業的生產經營中，適量的存貨能夠有效地緩解供需矛盾，使企業的生產經營業務均衡，連續運行，更好地滿足顧客的需求，提高經濟效益。存貨的作用主要體現以下 4 個方面：

⑴保障供應，應付各種意外變化，特別是突發事件。

⑵保證企業運行的連續性、穩定性。

⑶緩解產品季節性的需求波動。

⑷利用價格投機，創造時間價值和場所價值，獲取利潤。

但是在連鎖業經營中存貨也會佔用大量資金，減少企業利潤，影響資金流通，導致企業虧損。主要表現為：

⑴加長了生產週期，佔用大量資金。

⑵掩蓋經營中的各種內外矛盾，麻痹管理人員的思想。

⑶增加庫存設施、設備及保管、養護的費用。

⑷增加了商品的儲存時間，提高商品損耗。

因此，需要用辯證的方法對待存貨。一方面要求不斷改善經營管理水準，實現零庫存；另一方面又要求人們面對現實情況，維持適宜的存貨水準，保證企業正常運營。

2. 庫存業務績效的基本評價和分析

在連鎖業的庫存業務活動中，存貨管理是最重要的內容。因此，如何評價存貨管理的績效是庫存業務績效評價的關鍵。所以，在企業中一般是以庫存週轉率為基礎來評價和分析庫存活動績效的。

⑴庫存週轉率含義。庫存週轉率是評價連鎖業物流系統購人存貨、入庫保管和銷售發貨等環節管理狀況的綜合性指標。它是指一定時期內銷售成本與平均庫存的比率，用時間表示庫存週轉率就是庫存週轉天數。

該指標的目的在於針對庫存商品控制中存在的問題，促使連鎖業在保證經營連續性的同時，提高資金使用率，增強企業短期償債能力。庫存週轉率在反映庫存週轉速度及庫存佔用水準的同時，也反映連鎖業的運營狀況。一般情況下，該指標越高，表示連鎖業運營狀況良好，有較高的流動性，庫存商品轉換為現金或應收賬款的速度快，庫存佔用水準低，企業的變現能力強。

⑵**庫存週轉率的分析評價**。庫存週轉率可以從以下 3 個方面進行分析評價：

①**和同行業比較評價**。這是指把本企業的庫存週轉率水準與同行業、規模相當的企業進行分析比較，以確定本企業庫存業務績效的基本狀況，找出差距、明確方向，促進本企業庫存業務的管理。但要注意，在與同行業相互比較時有必要將計算公式的內容統一起來，調整到同一基礎，這樣分析才有真正的比較價值。

②**參考以往績效的比較評價**。參考本企業以往的績效來進行比較評價，可以看出本企業的庫存業績是提高，還是下降，以便找出原因，採取相應的措施加以改進。評價仍應注意統一口徑和剔除特殊因素的影響。

③**期間比較評價**。有些連鎖業由於季節等原因在不同時期的經營績效是不同的，往往呈波浪形起伏，這就必然會造成庫存活動績效的不平衡。在這種情況下，連鎖業應將重點放在本企業內各期間的比較評價上。

⑶**庫存週轉率分析應注意的問題**。一般來說，庫存週轉率能反映連鎖業庫存活動的基本績效。由於連鎖業的生產經營活動是一個複雜的經濟活動過程，受到市場、生產和消費等多種因素的影響，也會出現一些不正常現象，因此，在進行庫存週轉率時應給予充分重視。

①庫存週轉率雖高，企業經濟效益卻不佳。主要原因是：

· 銷售額超過標準庫存擁有量，缺貨率遠遠超過了允許範圍，使企業失去銷售機會，帶來經濟損失。

· 庫存調整過分徹底，超過預測的銷售額降低值而發生缺貨，減少企業收益。

②庫存週轉率雖低，經濟效益卻較好。主要原因是：

· 對不久的將來，準確預測能夠大幅度漲價的商品，庫存充足。

· 對於有缺貨危險的商品，有計劃地擁有適當的庫存量。

· 正確預測未來銷售額的增加，在週密計劃之下，持有適量的存貨。

③啤酒、冷氣機之類季節性較強的產品，有計劃地儲存以備旺季的需求。

3. 連鎖業庫存績效評價的量化指標

為了更準確、全面地分析評價連鎖業的庫存績效，除了應分析庫存週轉率外，還應分析其他量化指標。

七、物流中心的供應鏈績效評價

1. 供應鏈績效評價指標的特點

根據供應鏈管理運行機制的基本特徵和目標，供應鏈績效評價指標應該能夠恰當地反映供應鏈整體運營狀況以及上下節點企業之間的運營關係，而不是孤立地評價某一供應商的運營情況。例如，對於供應鏈上的某一供應商來說，該供應商所提供的某種原材料價格很低，如果孤立地對這一供應商進行評價，就會認為該供應商的運行績效較好。若其下游節點企業僅僅考慮原材料價格這一指標，而不考慮原材料的加工性能，就會選擇該供應商所提供的原材料。而該供應商提供的這種價格較低的原材料，其加工性能若不能滿足該節點企業生產的技術要求，勢必增加生產成本，從而使這種低價格原材料所節約的成本被增加的生產成本所抵消。所以，評價供應鏈運行績效的指標，不僅要評價該節點企業（或供應商）的運營績效，而且還要考慮該節點企業（或供應商）的運營績效對其上層節點企業或整個供應鏈的影響。

現行的企業績效評價指標主要是基於部門職能的績效評價指標，不適用於對供應鏈運營績效的評價，供應鏈績效評價指標應是基於業務流程的績效評價指標。

2. 供應鏈績效評價應遵循的要求

隨著供應鏈管理理論的不斷發展和供應鏈實踐的不斷深入，為了科學、客觀地反映供應鏈的運營情況，應該考慮建立與之相適應的供應鏈績效評價方法，並確定相應的績效評價指標體系。反映供應鏈績效的評價指標有其自身的特點，其內容比現行的企業評價指標更為廣泛，同時還提出一些方法來測定供應鏈的上游企業是否有能力及時滿足下游企業或市場的需求。在實際操作上，為了建立能有效評價供應鏈績效的指標體系，應遵循如下要求：

⑴應突出重點，對關鍵績效指標進行重點分析。

⑵應採用能反映供應鏈業務流程的績效指標體系。

⑶評價指標要能反映整個供應鏈的運營情況，而不是僅僅反映單個節點企業的運營情況。

⑷應盡可能採用即時分析與評價的方法，要把績效度量範圍擴

大到能反映供應鏈即時運營的資訊上去，因為這要比僅做事後分析要有價值得多。

⑸在衡量供應鏈績效時，要採用能反映供應商、製造商及用戶之間關係的績效評價指標，把評價的對象擴大到供應鏈上的相關企業。

3. 供應鏈績效評價指標體系

為了客觀、全面地評價供應鏈的運營情況，可從以下幾個方面來分析和討論供應鏈績效評價指標體系。

⑴反映整個供應鏈業務流程的績效評價指標。對該指標，目前國內外研究得很少。

我們綜合考慮了指標評價的客觀性和實際可操作性，提出了如下反映整個供應鏈運營績效的評價指標。

①產銷率指標。產銷率是指在一定時間內已銷售出去的產品與已生產的產品數量的比值，即：

產銷率=一定時間內已銷售的產品數量（S）÷一定時間內生產的產品數量（P）

因為 S<P 或 S=P，所以產銷率小於或等於 1。

產銷率指標又可分成如下 3 個具體的指標：

→供應鏈節點企業的產銷率=一定時間內節點企業已銷售的產品數量÷一定時間內節點企業已生產產品數量

該指標反映供應鏈節點企業在一定時間內的產銷狀況。

→供應鏈核心企業的產銷率=一定時間內核心企業已銷售的產品數量÷一定時間內核心企業已生產的產品數量

該指標反映供應鏈核心企業在一定時間內的產銷狀況。

→供應鏈產銷率=一定時間內供應鏈節點企業已銷售的產品數量之和÷一定時間內供應鏈各節點企業已生產的產品數量之和

該指標反映供應鏈在一定時間內的產銷狀況。其時間單位可以是年、月、日。隨著供應鏈管理水準的提高，時間單位可以取得越來越小，甚至可以做到以天為單位。該指標也反映供應鏈資源（包括人、財、物、資訊等）的有效利用程度，產銷率越接近工，說明資源利用程度越高。同時，該指標也反映了供應鏈庫存水準和產品質量，其值越接近 1，說明供應鏈成品庫存量越小。

②產需率指標。產需率是指在一定時間內，節點企業已生產的產品數量與其上層節點企業（或用戶）對該產品的需求量的比值。具體分為如下兩個指標：

→供應鏈節點企業產需率=一定時間內節點企業已生產的產品數量÷一定時間內上層節點企業（或用戶）對該產品的需求量

該指標反映上、下層節點企業之間的供需關係。產需率接近 1，說明上、下層節點企業之間的供需關係協調，準時交貨高；反之，則說明下層節點企業準時交貨率低或者企業的綜合管理水準較低。

→供應鏈核心企業產需率=一定時間內核心企業已生產產品數÷一定時間內用戶對該產品的需求量

該指標反映供應鏈整體生產能力和快速回應市場能力，若該指標數值大於或等於 1，說明供應鏈整體生產能力較強，能快速回應市場需求，具有較強的市場競爭能力；若該指標數值小於 1，則說明供應鏈生產能力不足，不能快速回應市場需求。

③供應鏈總運營成本指標。供應鏈總運營成本包括供應鏈通信成本、供應鏈庫存費用及各節點企業外部運輸總費用。它反映了供應

鏈運營的效率，具體分析如下：

供應鏈通信成本。供應鏈通信成本包括各節點企業之間的通信費用，如 EDI、網際網路的建設和使用費用，供應鏈資訊系統開發和維護費等。

供應鏈總庫存費用。供應鏈總庫存費用包括各節點企業在製品庫存和成品庫存費用、各節點之間在途庫存費用。

各節點企業外部運輸總費用。各節點企業外部運輸總費用等於供應鏈所有節點企業之間運輸費用總和。

④供應鏈核心企業產品成本指標。供應鏈核心企業的產品成本是供應鏈管理水準的綜合體現。根據核心企業產品的市場價格確定出該產品的目標成本，再向上游追溯到各供應商，確定出相應的原材料、配套件的目標成本。只有當目標成本小於市場價格時，各個企業才能獲得利潤，供應鏈才能得到發展。

⑤供應鏈產品的質量指標。供應鏈產品質量是指供應鏈各節點企業（包括核心企業）生產的產品或零件的質量。主要包括合格率、廢品率、退貨率、破損率、破損物價值等指標。

⑵反映供應鏈上、下節點企業之間關係的績效評價指標如下：

①供應鏈層次結構模型。供應鏈上、下節點企業之間關係的績效評價指標是以供應鏈層次結構模型為基礎的。根據供應鏈層次結構模型，對每一層供應商逐個進行評價，從而發現問題、解決問題，以優化整個供應鏈的管理。在該結構模型中，供應鏈可看成是由不同層次供應商組成的遞階層次結構，上層供應商可看成是其下層供應商的用戶。

②反映供應鏈上、下節點企業之間關係的績效評價指標。供應

鏈是由若干個節點企業組成的一種網路結構，如何選擇供應商、如何評價供應商的績效以及由誰來評價等問題是必須明確的問題。根據供應鏈層次結構模型，這裏提出了相鄰層供應商評價法，可以較好地解決這些問題。相鄰層供應商評價法的基本原則是通過上層供應商來評價下層供應商。由於上層供應商可以看成是下層供應商的用戶，因此通過上層供應商來評價和選擇與其業務相關的下層供應商更直接、更客觀，如此遞推，即可對整個供應鏈的績效進行有效的評價。

心得欄 ------------------------------------

149	展覽會行銷技巧	360 元
150	企業流程管理技巧	360 元
152	向西點軍校學管理	360 元
154	領導你的成功團隊	360 元
155	頂尖傳銷術	360 元
160	各部門編制預算工作	360 元
163	只為成功找方法，不為失敗找藉口	360 元
167	網路商店管理手冊	360 元
168	生氣不如爭氣	360 元
170	模仿就能成功	350 元
176	每天進步一點點	350 元
181	速度是贏利關鍵	360 元
183	如何識別人才	360 元
184	找方法解決問題	360 元
185	不景氣時期，如何降低成本	360 元
186	營業管理疑難雜症與對策	360 元
187	廠商掌握零售賣場的竅門	360 元
188	推銷之神傳世技巧	360 元
189	企業經營案例解析	360 元
191	豐田汽車管理模式	360 元
192	企業執行力（技巧篇）	360 元
193	領導魅力	360 元
198	銷售說服技巧	360 元
199	促銷工具疑難雜症與對策	360 元
200	如何推動目標管理（第三版）	390 元
201	網路行銷技巧	360 元
204	客戶服務部工作流程	360 元
206	如何鞏固客戶（增訂二版）	360 元
208	經濟大崩潰	360 元
215	行銷計劃書的撰寫與執行	360 元
216	內部控制實務與案例	360 元
217	透視財務分析內幕	360 元
219	總經理如何管理公司	360 元
222	確保新產品銷售成功	360 元
223	品牌成功關鍵步驟	360 元
224	客戶服務部門績效量化指標	360 元
226	商業網站成功密碼	360 元
228	經營分析	360 元
229	產品經理手冊	360 元

230	診斷改善你的企業	360 元
232	電子郵件成功技巧	360 元
234	銷售通路管理實務〈增訂二版〉	360 元
235	求職面試一定成功	360 元
236	客戶管理操作實務〈增訂二版〉	360 元
237	總經理如何領導成功團隊	360 元
238	總經理如何熟悉財務控制	360 元
239	總經理如何靈活調動資金	360 元
240	有趣的生活經濟學	360 元
241	業務員經營轄區市場（增訂二版）	360 元
242	搜索引擎行銷	360 元
243	如何推動利潤中心制度（增訂二版）	360 元
244	經營智慧	360 元
245	企業危機應對實戰技巧	360 元
246	行銷總監工作指引	360 元
247	行銷總監實戰案例	360 元
248	企業戰略執行手冊	360 元
249	大客戶搖錢樹	360 元
250	企業經營計劃〈增訂二版〉	360 元
252	營業管理實務（增訂二版）	360 元
253	銷售部門績效考核量化指標	360 元
254	員工招聘操作手冊	360 元
256	有效溝通技巧	360 元
257	會議手冊	360 元
258	如何處理員工離職問題	360 元
259	提高工作效率	360 元
261	員工招聘性向測試方法	360 元
262	解決問題	360 元
263	微利時代制勝法寶	360 元
264	如何拿到 VC（風險投資）的錢	360 元
267	促銷管理實務〈增訂五版〉	360 元
268	顧客情報管理技巧	360 元
269	如何改善企業組織績效〈增訂二版〉	360 元
270	低調才是大智慧	360 元
272	主管必備的授權技巧	360 元

275	主管如何激勵部屬	360 元
276	輕鬆擁有幽默口才	360 元
277	各部門年度計劃工作（增訂二版）	360 元
278	面試主考官工作實務	360 元
279	總經理重點工作（增訂二版）	360 元
282	如何提高市場佔有率（增訂二版）	360 元
283	財務部流程規範化管理（增訂二版）	360 元
284	時間管理手冊	360 元
285	人事經理操作手冊（增訂二版）	360 元
286	贏得競爭優勢的模仿戰略	360 元
287	電話推銷培訓教材（增訂三版）	360 元
288	贏在細節管理（增訂二版）	360 元
289	企業識別系統 CIS（增訂二版）	360 元
290	部門主管手冊（增訂五版）	360 元
291	財務查帳技巧（增訂二版）	360 元
292	商業簡報技巧	360 元
293	業務員疑難雜症與對策（增訂二版）	360 元
294	內部控制規範手冊	360 元
295	哈佛領導力課程	360 元
296	如何診斷企業財務狀況	360 元
297	營業部轄區管理規範工具書	360 元
298	售後服務手冊	360 元
299	業績倍增的銷售技巧	400 元
300	行政部流程規範化管理（增訂二版）	400 元
301	如何撰寫商業計畫書	400 元
302	行銷部流程規範化管理（增訂二版）	400 元
303	人力資源部流程規範化管理（增訂四版）	420 元
304	生產部流程規範化管理（增訂二版）	400 元
305	績效考核手冊(增訂二版)	400 元
306	經銷商管理手冊(增訂四版)	420 元
307	招聘作業規範手冊	420 元
308	喬·吉拉德銷售智慧	400 元
309	商品鋪貨規範工具書	400 元
310	企業併購案例精華(增訂二版)	420 元
311	客戶抱怨手冊	400 元
312	如何撰寫職位說明書(增訂二版)	400 元
313	總務部門重點工作（增訂三版）	400 元
314	客戶拒絕就是銷售成功的開始	400 元
315	如何選人、育人、用人、留人、辭人	400 元
316	危機管理案例精華	400 元
317	節約的都是利潤	400 元
318	企業盈利模式	400 元
319	應收帳款的管理與催收	420 元

《商店叢書》

18	店員推銷技巧	360 元
30	特許連鎖業經營技巧	360 元
35	商店標準操作流程	360 元
36	商店導購口才專業培訓	360 元
37	速食店操作手冊〈增訂二版〉	360 元
38	網路商店創業手冊〈增訂二版〉	360 元
40	商店診斷實務	360 元
41	店鋪商品管理手冊	360 元
42	店員操作手冊（增訂三版）	360 元
43	如何撰寫連鎖業營運手冊〈增訂二版〉	360 元
44	店長如何提升業績〈增訂二版〉	360 元
45	向肯德基學習連鎖經營〈增訂二版〉	360 元
47	賣場如何經營會員制俱樂部	360 元
48	賣場銷量神奇交叉分析	360 元
49	商場促銷法寶	360 元
53	餐飲業工作規範	360 元
54	有效的店員銷售技巧	360 元

55	如何開創連鎖體系〈增訂三版〉	360 元
56	開一家穩賺不賠的網路商店	360 元
57	連鎖業開店複製流程	360 元
58	商鋪業績提升技巧	360 元
59	店員工作規範（增訂二版）	400 元
60	連鎖業加盟合約	400 元
61	架設強大的連鎖總部	400 元
62	餐飲業經營技巧	400 元
63	連鎖店操作手冊(增訂五版)	420 元
64	賣場管理督導手冊	420 元
65	連鎖店督導師手冊（增訂二版）	420 元
66	店長操作手冊（增訂六版）	420 元
67	店長數據化管理技巧	420 元
68	開店創業手冊〈增訂四版〉	420 元
69	連鎖業商品開發與物流配送	420 元
70	連鎖業加盟招商與培訓作法	420 元

《工廠叢書》

13	品管員操作手冊	380 元
15	工廠設備維護手冊	380 元
16	品管圈活動指南	380 元
17	品管圈推動實務	380 元
20	如何推動提案制度	380 元
24	六西格瑪管理手冊	380 元
30	生產績效診斷與評估	380 元
32	如何藉助 IE 提升業績	380 元
35	目視管理案例大全	380 元
38	目視管理操作技巧(增訂二版)	380 元
46	降低生產成本	380 元
47	物流配送績效管理	380 元
51	透視流程改善技巧	380 元
55	企業標準化的創建與推動	380 元
56	精細化生產管理	380 元
57	品質管制手法〈增訂二版〉	380 元
58	如何改善生產績效〈增訂二版〉	380 元
68	打造一流的生產作業廠區	380 元
70	如何控制不良品〈增訂二版〉	380 元
71	全面消除生產浪費	380 元
72	現場工程改善應用手冊	380 元
75	生產計劃的規劃與執行	380 元
77	確保新產品開發成功（增訂四版）	380 元
79	6S 管理運作技巧	380 元
80	工廠管理標準作業流程〈增訂二版〉	380 元
83	品管部經理操作規範〈增訂二版〉	380 元
84	供應商管理手冊	380 元
85	採購管理工作細則〈增訂二版〉	380 元
87	物料管理控制實務〈增訂二版〉	380 元
88	豐田現場管理技巧	380 元
89	生產現場管理實戰案例〈增訂三版〉	380 元
90	如何推動 5S 管理（增訂五版）	420 元
92	生產主管操作手冊(增訂五版)	420 元
93	機器設備維護管理工具書	420 元
94	如何解決工廠問題	420 元
95	採購談判與議價技巧〈增訂二版〉	420 元
96	生產訂單運作方式與變更管理	420 元
97	商品管理流程控制(增訂四版)	420 元
98	採購管理實務〈增訂六版〉	420 元
99	如何管理倉庫〈增訂八版〉	420 元
100	部門績效考核的量化管理（增訂六版）	420 元
101	如何預防採購舞弊	420 元

《醫學保健叢書》

1	9 週加強免疫能力	320 元
3	如何克服失眠	320 元
4	美麗肌膚有妙方	320 元
5	減肥瘦身一定成功	360 元
6	輕鬆懷孕手冊	360 元
7	育兒保健手冊	360 元
8	輕鬆坐月子	360 元
11	排毒養生方法	360 元
13	排除體內毒素	360 元

14	排除便秘困擾	360 元
15	維生素保健全書	360 元
16	腎臟病患者的治療與保健	360 元
17	肝病患者的治療與保健	360 元
18	糖尿病患者的治療與保健	360 元
19	高血壓患者的治療與保健	360 元
22	給老爸老媽的保健全書	360 元
23	如何降低高血壓	360 元
24	如何治療糖尿病	360 元
25	如何降低膽固醇	360 元
26	人體器官使用說明書	360 元
27	這樣喝水最健康	360 元
28	輕鬆排毒方法	360 元
29	中醫養生手冊	360 元
30	孕婦手冊	360 元
31	育兒手冊	360 元
32	幾千年的中醫養生方法	360 元
34	糖尿病治療全書	360 元
35	活到 120 歲的飲食方法	360 元
36	7 天克服便秘	360 元
37	為長壽做準備	360 元
39	拒絕三高有方法	360 元
40	一定要懷孕	360 元
41	提高免疫力可抵抗癌症	360 元
42	生男生女有技巧〈增訂三版〉	360 元

《培訓叢書》

11	培訓師的現場培訓技巧	360 元
12	培訓師的演講技巧	360 元
15	戶外培訓活動實施技巧	360 元
17	針對部門主管的培訓遊戲	360 元
20	銷售部門培訓遊戲	360 元
21	培訓部門經理操作手冊（增訂三版）	360 元
23	培訓部門流程規範化管理	360 元
24	領導技巧培訓遊戲	360 元
26	提升服務品質培訓遊戲	360 元
27	執行能力培訓遊戲	360 元
28	企業如何培訓內部講師	360 元
29	培訓師手冊（增訂五版）	420 元
30	團隊合作培訓遊戲(增訂三版）	420 元
31	激勵員工培訓遊戲	420 元
32	企業培訓活動的破冰遊戲（增訂二版）	420 元
33	解決問題能力培訓遊戲	420 元
34	情緒管理培訓遊戲	420 元
35	企業培訓遊戲大全(增訂四版)	420 元

《傳銷叢書》

4	傳銷致富	360 元
5	傳銷培訓課程	360 元
10	頂尖傳銷術	360 元
12	現在輪到你成功	350 元
13	鑽石傳銷商培訓手冊	350 元
14	傳銷皇帝的激勵技巧	360 元
15	傳銷皇帝的溝通技巧	360 元
19	傳銷分享會運作範例	360 元
20	傳銷成功技巧（增訂五版）	400 元
21	傳銷領袖（增訂二版）	400 元
22	傳銷話術	400 元

《幼兒培育叢書》

1	如何培育傑出子女	360 元
2	培育財富子女	360 元
3	如何激發孩子的學習潛能	360 元
4	鼓勵孩子	360 元
5	別溺愛孩子	360 元
6	孩子考第一名	360 元
7	父母要如何與孩子溝通	360 元
8	父母要如何培養孩子的好習慣	360 元
9	父母要如何激發孩子學習潛能	360 元
10	如何讓孩子變得堅強自信	360 元

《成功叢書》

1	猶太富翁經商智慧	360 元
2	致富鑽石法則	360 元
3	發現財富密碼	360 元

《企業傳記叢書》

1	零售巨人沃爾瑪	360 元
2	大型企業失敗啟示錄	360 元
3	企業併購始祖洛克菲勒	360 元
4	透視戴爾經營技巧	360 元
5	亞馬遜網路書店傳奇	360 元
6	動物智慧的企業競爭啟示	320 元

當市場競爭激烈時：

培訓員工，強化員工競爭力
是企業最佳對策

「人才」是企業最大的財富。如何提升人才，是企業永續經營、戰勝對手的核心競爭力。積極培訓公司內部員工，是經濟不景氣時期的最佳戰略，而最快速的具體作法，就是「**建立企業內部圖書館，鼓勵員工多閱讀、多進修專業書籍**」

建議您：請一次購足本公司所出版各種經營管理類圖書，作為貴公司內部員工培訓圖書。 使用率高的（例如「贏在細節管理」），準備 3 本；使用率低的（例如「工廠設備維護手冊」），只買 1 本。

商店叢書 ㊾ 售價：420 元

連鎖業商品開發與物流配送

西元二〇一六年七月 初版一刷

編著：黃憲仁　周明德
策劃：麥可國際出版有限公司（新加坡）
編輯：蕭玲
校對：劉飛娟
發行人：黃憲仁
發行所：憲業企管顧問有限公司
電話：(02) 2762-2241　(03) 9310960　0930872873
電子郵件聯絡信箱：huang2838@yahoo.com.tw
銀行 ATM 轉帳：合作金庫銀行　帳號：5034-717-347447
郵政劃撥：18410591　憲業企管顧問有限公司

登記證：行政業新聞局版台業字第 6380 號

本公司徵求海外版權出版代理商（0930872873）

本圖書是由憲業企管顧問（集團）公司所出版，以專業立場，為企業界提供最專業的各種經營管理類圖書。

圖書編號 ISBN：978-986-369-045-0